Forschungsreihe der FH Münster

Die Fachhochschule Münster zeichnet jährlich hervorragende Abschlussarbeiten aus allen Fachbereichen der Hochschule aus. Unter dem Dach der vier Säulen Ingenieurwesen, Soziales, Gestaltung und Wirtschaft bietet die Fachhochschule Münster eine enorme Breite an fachspezifischen Arbeitsgebieten. Die in der Reihe publizierten Masterarbeiten bilden dabei die umfassende, thematische Vielfalt sowie die Expertise der Nachwuchswissenschaftler dieses Hochschulstandortes ab.

Rebecca Frese

Psychische Erkrankungen in der Autismus-Therapie

Rebecca Frese
Bochum, Deutschland

ISSN 2570-3307 ISSN 2570-3315 (electronic)
Forschungsreihe der FH Münster
ISBN 978-3-658-39931-3 ISBN 978-3-658-39932-0 (eBook)
https://doi.org/10.1007/978-3-658-39932-0

Die Deutsche Nationalbibliothek verzeichnet diese Publikation in der Deutschen Nationalbibliografie; detaillierte bibliografische Daten sind im Internet über http://dnb.d-nb.de abrufbar.

Planung/Lektorat: Marija Kojic
Springer Spektrum ist ein Imprint der eingetragenen Gesellschaft Springer Fachmedien Wiesbaden GmbH und ist ein Teil von Springer Nature.
Die Anschrift der Gesellschaft ist: Abraham-Lincoln-Str. 46, 65189 Wiesbaden, Germany

Inhaltsverzeichnis

Abkürzungsverzeichnis

ABW	Ambulant Betreutes Wohnen
ADI-R	Diagnostisches Interview für Autismus – Revidiert
ADOS	Diagnostische Beobachtungsskala für Autistische Störungen
ASS	Autismus-Spektrum-Störung/Autismus-Spektrum-Störungen
ATZ	Autismus-Therapie-Zentrum/Autismus-Therapie-Zentren
AWMF	Arbeitsgemeinschaft der Wissenschaftlichen Medizinischen Fachgesellschaften
bspw.	beispielsweise
bzw.	beziehungsweise
DSM-V	Diagnostic and Statistical Manual of Mental Disorders, 5. Auflage
EIBI	Early Intensive Behavioral Interventions
et al.	et alii
etc.	et cetera
FASTER	Freiburger Asperger-Spezifische Therapie für Erwachsene
FSJ	Freiwilliges soziales Jahr
FUD	Familienunterstützender Dienst
GTS	Gilles-de-la-Tourette-Syndrom
ICD-10	International Classification of Diseases and related health Problems, 10. Revision
NICE	National Institute for Health and Care Excellence
PECS	Picture Exchange Communication System
PT-RL	Psychotherapie-Richtlinie

SGB	Sozialgesetzbuch
TEACCH	Treatment and Education of autistic and related communication handicapped children
VT	Verhaltenstherapie
z. B.	zum Beispiel

Tabellenverzeichnis

Teil I
Theoretische Grundlagen

Einleitung 1

„Aber ich finde es ganz schwierig, weil eben die Grenzen gerade zwischen ADHS und Autismus-Symptomen so krass verschwimmen und sich überschneiden. Ja, da ist es halt einfach schwierig das Eine so an der Tür zu lassen, wenn man in den Therapieraum geht“ (K4, Z. 162–166).

Autismus-Spektrum-Störungen sind in den letzten Jahren immer stärker in das Bewusstsein der Gesellschaft gerückt. Betroffene haben Autobiografien veröffentlicht und teilweise wird diskutiert, ob nicht sogar die Häufigkeit der Diagnose gestiegen sei (vgl. Freitag et al., 2017, S. 14–15). Aktuell wird von einer Prävalenzrate von rund ein bis zwei Prozent für Autismus-Spektrum-Störungen ausgegangen (vgl. ebenda, S. 14). Autismus-Therapie-Zentren konnten in den letzten Jahren insbesondere eine Zunahme an erwachsenen Klient:innen verzeichnen und auch die Psychotherapie hat sich mit der Berücksichtigung von Menschen mit Autismus beschäftigt. Denn gerade Erwachsene mit Autismus haben oftmals komorbide psychische Erkrankungen, welche nicht nur ihre Lebensqualität massiv beeinträchtigen, sondern auch die Autismus-Therapeut:innen und Psychotherapeut:innen vor besondere Herausforderungen stellen. Ziel der vorliegenden Arbeit ist es deshalb, eine Sensibilisierung für das Thema Autismus und psychische Erkrankung zu schaffen. In diesem Zuge wird die Situation der Betroffenen beleuchtet und, als partizipatorischer Aspekt, den Menschen mit Autismus Raum gegeben, ihre eigenen Haltungen und Ideen bezüglich der Thematik zu äußern. Als grundlegende, erkenntnisleitende Frage der vorliegenden Arbeit gilt: *Wie grenzen erwachsene Menschen mit Autismus-Spektrum-Störung und psychiatrischer*

Ergänzende Information Die elektronische Version dieses Kapitels enthält Zusatzmaterial, auf das über folgenden Link zugegriffen werden kann https://doi.org/10.1007/978-3-658-39932-0_1.

R. Frese, *Psychische Erkrankungen in der Autismus-Therapie*, Forschungsreihe der FH Münster, https://doi.org/10.1007/978-3-658-39932-0_1

Komorbidität ihre Therapieanliegen zwischen sogenannter Autismus-Therapie und Psychotherapie ab und wie sehr passt das zu Sichtweise, Möglichkeiten und Kompetenzen der Autismus-Therapie?

Um diese Frage zu beantworten gliedert sich die vorliegende Arbeit in zwei Teile: Teil I schafft einen einheitlichen Wissensstand. Hierfür wird zunächst der Begriff „Autismus" erklärt, um anschließend die Symptomatik eingehender zu erläutern sowie die häufigsten komorbiden psychischen Erkrankungen zu skizzieren. Da diese Arbeit sich auf die Situation von Klient:innen im Kontext der Autismus-Therapie bezieht, wird weiterhin die Autismus-Therapie mit ihren verschiedenen Methoden vorgestellt. Besonders im Fokus stehen hierbei die Veröffentlichungen von *autismus Deutschland e. V.* Der Bundesverband vertritt als Selbsthilfeverband die Interessen von Menschen mit Autismus und deren Angehörigen und ist außerdem das Organisationszentrum für zahlreiche Autismus-Therapie-Zentren. Zur Wahrung der qualitativen Arbeit hat er bspw. Leitlinien für die Arbeit in diesen Therapiezentren veröffentlicht, welche in der vorliegenden Arbeit genauer betrachtet werden. Weitere aktuelle Literatur bzgl. der Inhalte und Qualitätsmerkmale von Autismus-Therapie existiert gegenwärtig nicht. Die wissenschaftlichen Leitlinien für den therapeutischen Umgang mit Autismus werden derzeit aktualisiert und stehen frühestens Ende des Jahres 2020 zur Verfügung. Somit sind sie nicht Inhalt der vorliegenden Arbeit.

Überdies wird im Verlauf der Ausarbeitung der Vollständigkeit halber auch die Möglichkeit der Psychotherapie bei Autismus angesprochen. Mit Abschluss dieses ersten Teils ist die Grundlage für den empirischen Teil, Teil II dieser Arbeit, geschaffen. Teil II beschreibt einleitend, wie Klient:innen mit Autismus aktuell in der Autismus-Therapie berücksichtigt werden. Anschließend wird das Forschungsvorgehen skizziert. Hierfür wird sowohl auf die Rahmenbedingungen, den Hintergrund des Interviewleitfadens als auch auf die Auswertungsmethode, eingegangen. Die Rahmenbedingungen des Forschungsvorhabens werden hierbei nur andeutungsweise beschrieben, um den Forschungsergebnissen den größten Anteil bieten zu können. Der Fokus dieses Teils liegt auf den Inhalten der insgesamt 12 Interviews, welche im Kontext dieser Arbeit im Zeitraum von Juni bis September 2020 geführt wurden. Diese werden anhand der qualitativen Inhaltsanalyse nach Mayring ausgewertet, um die Aussagen der Menschen mit Autismus und der Autismus-Therapeut:innen zur Beantwortung der eingangs gestellten Frage zu verdichten. Hinsichtlich der rudimentären Informationslage für diesen speziellen Teilbereich der Autismusforschung wird davon ausgegangen, mit der vorliegenden Arbeit einen wichtigen Beitrag zur Verbesserung der Situation von erwachsenen Menschen mit hochfunktionaler Autismus-Spektrum-Störung und komorbiden psychischen Erkrankungen leisten zu können.

In der vorliegenden Arbeit wird sich ausschließlich auf volljährige Personen mit hochfunktionalem Autismus und Asperger-Syndrom fokussiert. Kinder und Jugendliche oder stark eingeschränkte Menschen mit Autismus werden nicht berücksichtigt. Damit soll nicht der Eindruck entstehen, dass diese Gruppen in einer günstigeren Situation sind. Bezüglich des Forschungsdesigns hätten dann weitreichendere Anpassungen stattfinden müssen, was im Rahmen einer Masterthesis nicht leistbar war. Auch hätte in diesem Fall der theoretische Teil umfangreicher ausfallen müssen, da Kinder und Jugendliche mit Autismus oftmals andere komorbide psychische Erkrankungen aufweisen als Erwachsene. Weiterhin sieht die Therapie stark eingeschränkter Menschen mit Autismus inhaltlich anders aus als bei Erwachsenen mit frühkindlichem, hochfunktionalem Autismus und Asperger-Syndrom. Als hochfunktionaler Autismus wird im Rahmen dieser Arbeit eine Autismus-Spektrum-Störung ohne gleichzeitiges Vorliegen einer Intelligenzminderung, also einem Intelligenzquotienten (IQ) >70 bezeichnet. Es wird aufgrund der aktuellen Diskussion über eine Vernachlässigung der Unterscheidung zwischen Asperger-Syndrom und frühkindlichem Autismus mit hohem Funktionsniveau (HFA) auf eine getrennte Betrachtung verzichtet und im Folgenden lediglich der Begriff der hochfunktionalen Autismus-Spektrum-Störung verwendet.

In der Regel wird in dieser Arbeit von „Menschen mit Autismus-Spektrum-Störung" oder „Klient:innen" im Sinne von „Auftraggebenden" gesprochen. Klient:innen deshalb, da im Rahmen des Verständnisses der Neurodiversität Autismus nicht als krankhafte Störung, sondern als Form der Vielfalt von Menschen gesehen wird. Klient:innen (mit Autismus) sind also nicht zwingend krank oder gestört, sie tragen vielmehr einen Auftrag mit Wunsch zur Hilfe oder Veränderung an die Autismus-Therapie heran. Die in der Autismus-Therapie tätigen Personen werden hier als „Autismus-Therapeut:innen" bezeichnet. Eine tiefergehende Erläuterung zu diesem Begriff findet sich in Abschnitt 3.1.2. Lediglich in den Kapiteln bezüglich der Komorbiditäten und der Psychotherapie wird sich mit Verwendung des Begriffs „Patient:innen" an den medizinischen Sprachgebrauch angepasst.

Autismus 2

Als Pioniere in der Beschreibung und Klassifizierung von Autismus werden die Ärzte Leo Kanner und Hans Asperger bezeichnet, welche ihren Angaben zufolge unabhängig voneinander in den 1940er Jahren Werke zur Untersuchung autistischer Kinder veröffentlichten. Dabei bedienten sich beide gleichermaßen dem Begriff des „Autismus", welcher im Jahr 1911 zunächst von Eugen Bleuler geprägt wurde. Dieser nutzte die Wortneuschöpfung aus den griechischen Begriffen *autos* (selbst) und *ismos* (Zustand), um die Orientierung an sich selbst und der eigenen Gedankenwelt im Kontext von Störungen des schizophrenen Formenkreises zu beschreiben (vgl. Bölte, 2009, S. 21–22). In ihren Veröffentlichungen beschrieben Kanner und Asperger Kinder, welche augenscheinlich kein grundlegendes Bedürfnis nach sozialer Interaktion verspürten. Kanner stellte weiterhin Verzögerungen der Sprachentwicklung fest. Auch Asperger beschrieb Auffälligkeiten im Sprachgebrauch, weiterhin auch in den Bereichen der nonverbalen Kommunikation. Beide Autoren gingen davon aus, dass es sich um angeborene Syndrome handelte (vgl. Bölte, 2009, S. 22). Seltener wird in Schriften, welche sich mit der Historie des Autismus beschäftigen, auch auf Grunja E. Ssucharewa verwiesen, welche bereits in den 1920er Jahren das klinische Bild des Autismus beschrieb. In ihren Publikationen verwendete sie diesbezüglich jedoch den Begriff „schizoide Psychopathie" (vgl. Tebartz van Elst et al., 2016, S. 3).

Autismus gehört in den aktuellen Diagnose-Manualen zu den „tiefgreifenden Entwicklungsstörungen". Diese sind dadurch definiert, dass die Symptomatik ausnahmslos im Kleinkindalter bzw. in der Kindheit beginnt, eine Einschränkung oder Verzögerung in der Entwicklung der Funktionen zu erkennen ist und sich ein stetiger Verlauf abzeichnet (vgl. ebenda, S. 6). Die „International Classification of Diseases and related health problems" in der 10. Revision (ICD-10) beschreibt im Kapitel der tiefgreifenden Entwicklungsstörungen dann die drei Formen *frühkindlicher Autismus [F84.0], atypischer Autismus [F84.1] und Asperger-Syndrom*

R. Frese, *Psychische Erkrankungen in der Autismus-Therapie*, Forschungsreihe der FH Münster, https://doi.org/10.1007/978-3-658-39932-0_2

[F84.5]. Bezogen auf den frühkindlichen Autismus findet sich in der Literatur teilweise die Spezifizierung des *high-functioning Autismus*, welcher dann vorliegt, wenn der Intelligenzquotient mindestens im Normbereich[1] liegt und die Sprachentwicklung – nach einem verzögerten Einsetzen – auf einem dem Alter angemessenen Niveau liegt. Das „Diagnostic and Statistical Manual of mental disorders" in der 5. Ausgabe (DSM/DSM-V) gibt diese kategoriale Unterscheidung verschiedener Formen des Autismus auf und zieht eine dimensionale Perspektive heran. In dieser kann die Diagnose „Autismus-Spektrum-Störung" (ASS) mit Beschreibung eines Schweregrades in den Bereichen soziale Kommunikation und restriktive, repetitive Verhaltensweisen vergeben werden (vgl. ebenda, S. 10). In welchen Symptomen sich Autismus bzw. eine Autismus-Spektrum-Störung äußern kann, welche Prävalenz besteht und welche Ursachen für die Entstehung diskutiert werden, wird in den Abschnitten 2.1 bis 2.3 detaillierter vorgestellt, um im Abschnitt 2.4 und Unterkapiteln den für die vorliegende Ausarbeitung maßgeblichen Bereich der komorbiden psychischen Erkrankungen eingehender zu untersuchen. Um eine Eingrenzung zu ermöglichen, liegt der Fokus hier – wenn möglich – auf den für das Erwachsenenalter relevanten Aspekten.

2.1 Diagnostische Kriterien

Untersucht man die bei Menschen mit Autismus häufig auffälligen Verhaltensweisen oder Schwierigkeiten, lassen sich diese in der Regel in drei Kategorien gruppieren. Diese drei Kategorien beschrieben bereits Wing und Goud im Jahr 1979 und bezeichneten das Zusammenspiel als *autistische Trias*: soziale Störungen, kommunikative Störungen und imaginative Störungen (= restriktives, stereotypes und repetitives Verhalten). Diese Phänomenologie kann zwar von somatischen Erkrankungen, dem kognitiven Niveau und Alter deutlich mitgeprägt werden, die Grundmerkmale werden jedoch als zeitlich stabil angesehen (vgl. Bölte, 2009, S. 33–45). Diese autistische Trias kann sich in folgender Symptomatik widerspiegeln (Tab. 2.1):

[1] Der Normbereich der Intelligenz liegt zwischen 85 und 114.

Tab. 2.1 Symptomatik bei Autismus

Kategorie	Beschreibung
Soziale Störungen	Schwierigkeiten in: Gestik, Blickkontakt, Grußverhalten, soziale Reziprozität, emotionale Empathie, kognitive Empathie, Teilen von Freude, Teilen von Aufmerksamkeit, Verständnis von Affekten und Überzeugungen anderer, Beachtung sozialer Regeln
Kommunikative Störungen	Auffälligkeiten der Sprache und des Sprechens, fehlende/eingeschränkte Sprachentwicklung (aktiv und passiv), fehlende Kompensation durch nonverbale Kommunikation, ungewöhnlicher Sprachgebrauch: Neologismen, Wortrituale, Pronominalumkehr, pedantischer Sprachstil, idiosynkratischer Sprachstil; Sprechauffälligkeiten: Lautstärke, Tonlage, Rhythmus; wörtliches Sprachverständnis, mangelnde Fähigkeit, ein wechselseitiges Gespräch zu führen, eingeschränktes fantasievolles Spielverhalten (als Teil der kindlichen Kommunikation)
Restriktives, stereotypes und repetitives Verhalten	Wiederkehrende ungewöhnliche Bewegungen, Hand- und Fingermanierismen, Erstarrungen des Körpers, komplexe Manierismen, auffällige sensorische Interessen, autoaggressives Verhalten, Widerstand gegen Veränderung (z. B. von Routinen), intensive normale Interessen, ungewöhnliche Interessen, ungewöhnlich ausgeprägte Bindungen an Objekte

(vgl. ebenda, S. 34)

Die Diagnosemanuale ICD-10 und DSM-V definieren Krankheiten bzw. Störungen kategorial, was bedeutet, dass eine Person entweder eine hinreichende Anzahl an Kriterien zur Diagnostizierung einer Krankheit erfüllt oder nicht (vgl. Bölte, 2009, S. 35). Die in der obigen Tabelle beschriebenen Kategorien lassen sich mit ähnlicher Titulierung auch in den Manualen für eine Diagnosestellung aus dem Bereich der Autismus-Spektrum-Störungen wiederfinden. Für die Diagnose eines frühkindlichen Autismus müssen diesbezüglich mindestens sechs Symptome aus drei Bereichen vorliegen, nämlich:

„Qualitative Auffälligkeiten der gegenseitigen sozialen Interaktion (mindestens 2 Symptome), [q]ualitative Auffälligkeiten der Kommunikation (und Sprache) (mindestens 1 Symptom) und [b]egrenzte, repetitive und stereotype Verhaltensmuster, Interessen und Aktivitäten (mindestens 1 Symptom)“ (ebenda, S. 36–37).

Weiterhin muss die Entwicklung bereits vor dem dritten Lebensjahr auffällig und beeinträchtigt sein und das klinische Erscheinungsbild darf sich keiner anderen tiefgreifenden Entwicklungsstörung oder psychischen Störung zuordnen lassen. Beim Asperger-Syndrom setzt die Sprachentwicklung normgerecht ein und verläuft auch dem-entsprechend, die Intelligenz liegt im Normbereich. Es können motorische Auffälligkeiten in der Entwicklung oder eine allgemeine motorischen Ungeschicktheit auftreten. Überdies sind Inselbegabungen, also Fähigkeiten in einem bestimmten Bereich oberhalb des Niveaus der durchschnittlichen Bevölkerung, möglich. Die Diagnose des atypischen Autismus unterscheidet sich dahingehend vom frühkindlichen Autismus oder Asperger-Syndrom, als dass die Manifestation der Symptomatik verspätet einsetzt und/oder einer der Symptombereiche unauffällig bleibt (vgl. ebenda, S. 37).

Eine weit verbreitete Annahme ist derzeit, dass die beschriebenen Symptome mit Einschränkungen in einer verminderten sozialen Kognition, einer schwachen zentralen Kohärenz und mangelnden Exekutivfunktionen zusammenhängen. Diese neurokognitiven Dysfunktionen äußern sich dann bspw. darin, dass nur eine geringe Fähigkeit zur Perspektivübernahme besteht. Außerdem wird in Zusammenhang damit vermutet, dass Menschen mit ASS Emotionen geringfügig anders erleben als Menschen ohne ASS und in Zusammenhang damit auch Schwierigkeiten in der Emotionsregulation bestehen können (vgl. Dziobek & Bölte, 2009, S. 131–145).

2.2 Prävalenz

Für Deutschland liegen keine aktuellen epidemiologischen Studien zu den Prävalenzraten von Autismus-Spektrum-Störungen vor (vgl. Freitag et al., 2017, S. 14). Die Vermutung liegt jedoch nahe, dass die Prävalenzraten weltweit ähnlich sind und somit auch Studien anderer Länder auf die Zahlen in Deutschland schließen lassen. Für Erwachsene Patient:innen einer englischen Stichprobe wurde eine Prävalenzrate von 98/10.000, also rund 1 %, festgestellt (vgl. ebenda, S. 14). Jungen werden dabei zwei- bis dreimal häufiger diagnostiziert als Mädchen, wobei fraglich ist, ob diese wirklich häufiger betroffen sind oder Mädchen aufgrund der häufig besseren Anpassungsleistung unterdiagnostiziert sind. Weiterhin denkbar ist, dass die heutzutage gültigen Diagnosekriterien sich möglicherweise eher an einem männlichen Erscheinungsbild orientieren (vgl. ebenda, S. 15), also die bis dato erfassten autistischen Symptome zwar auf männliche Personen, aber weniger auf weibliche Personen zutreffen

Insgesamt zeigt sich – bei hoher Varianz der Angaben aus (nord-)europäischen Ländern – auch ein Anstieg der Prävalenzraten in den letzten Jahren (vgl. ebenda, S. 15). Ein möglicher Erklärungsansatz diesbezüglich ist, dass sich in der Gesellschaft ein anderes Bewusstsein für tiefgreifende Entwicklungsstörungen bzw. ASS entwickelt hat und die Verfügbarkeit der diagnostischen Möglichkeiten zugenommen hat. Eine Studie des *Centers for Disease Control and Prevention* aus dem Jahr 2014 stellte fest, dass in den verschiedenen Altersgruppen keine deutliche Zunahme der Prävalenzraten vorlag und vermutet somit eine diagnostische Unterversorgung sowie insbesondere eine hohe Zahl undiagnostizierter, erwachsener Personen mit ASS (vgl. ebenda, S. 15).

2.3 Pathogenese

Zum jetzigen Zeitpunkt sind die Entstehungsfaktoren für die Entwicklung einer Autismus-Spektrum-Störung noch nicht abschließend geklärt. Bekannt ist jedoch, dass es sich um biologisch bedingte Erkrankungen, verortet im Zentralnervensystem, handelt. Aktuell werden vor allem die genetische Komponente und Risikofaktoren in der Schwangerschaft diskutiert (vgl. Freitag, 2017, S. 18).

Verschiedene Studien konnten aufzeigen, dass das Risiko für Geschwisterkinder von Menschen mit ASS, ebenfalls an ASS zu erkranken, deutlich erhöht ist. Das Risiko war besonders bei eineiigen Zwillingen stark erhöht, lag jedoch nicht bei 100 %, was wiederum gegen eine ausschließlich genetische Erklärung spricht. Das globale Wiederholungsrisiko, also die Wahrscheinlichkeit, ein weiteres Kind mit ASS zu bekommen, wenn eines bereits eine Autismus-Spektrum-Störung hat, liegt bei 10–20 % (vgl. Freitag, 2017, S. 18; vgl. Klauck, 2009, S. 88–89). Weitet man den Blick auf weitere Familienmitglieder von Menschen mit ASS aus, ist in einigen Fällen eine Verdichtung sozialer, kognitiver und verbaler Auffälligkeiten zu beobachten, ohne dass alle erforderlichen Diagnosekriterien erfüllt werden würden. Dies spricht für eine genetische Disposition autistischer Verhaltensweisen, welche über die reine Kernsymptomatik hinausgeht (vgl. Klauck, 2009, S. 89).

Risikofaktoren in der Schwangerschaft, welche beim Kind eine Autismus-Spektrum-Störung begünstigen, sind auf der einen Seite Infektionskrankheiten und weitere Erkrankungen der Mutter. Hierzu zählt bspw. auch eine Röteln-Infektion, welche durch Impfung vermieden werden kann. Auf der anderen Seite zählen zu den Risikofaktoren auch die Belastung mit Umweltgiften oder Medikamenten. Hier scheinen insbesondere Antiepileptika (besonders Valproinsäure) und selektive Serotonin-Wiederaufnahme-hemmer das Risiko für ASS zu erhöhen (vgl. Freitag, 2017, S. 19) Der Mythos, dass Impfungen beim Kind zur Entwicklung einer ASS führen können, konnte nicht belegt werden.

2.4 Komorbide psychische Erkrankungen

Zum tiefergehenden Verständnis der komorbiden psychischen Erkrankungen, welche bei einer Diagnose aus dem autistischen Formenkreis vorliegen können, erfolgt zunächst eine grundlegende Begriffsklärung. Im Verlauf dieses Kapitels werden dann die psychischen Komorbiditäten bei ASS erläutert.

Eine Krankheit ist im *PSCHYREMBEL* definiert als „Störung der Lebensvorgänge in Organen [oder] im gesamten Organismus mit der Folge von subjektiv empfundenen bzw. objektiv feststellbaren körperlichen, geistigen bzw. seelischen Veränderungen" (Margraf & Maier, 2012, S. 509). Auf den Bereich der psychischen Erkrankungen ist diese Definition nur eingeschränkt übertragbar, da die zuvor benannten „Störungen der Lebensvorgänge" mitunter schwer festzustellen sind, was nicht zuletzt auch an der noch lückenhaften Forschung liegt.

Die ICD-10 definiert den aktuellen internationalen wissenschaftlichen Konsens in Bezug auf Krankheiten. Genauer ist im Kapitel F festgehalten, welche Symptombilder zu den psychischen Erkrankungen gehören. Dies ist auch für Deutschland im Rahmen von Diagnosestellungen verbindlich. Für den englischen Sprachraum hat sich zudem bezogen auf psychische Erkrankungen das DSM etabliert. Ist die Erfassung von Krankheitsbildern in psychiatrischen Klassifikationssystemen zwar diskussionswürdig – nicht zuletzt, da diese nur den aktuellen Stand der Theorie abbilden, jedoch nicht zwingend die erlebte Praxis – sind diese Systeme jedoch grundlegend für die Erforschung und Behandlung psychiatrischer Krankheitsbilder (vgl. Möller et al., 2013, S. 74–75). Somit stellen diese Systeme auch die Grundlage für die vorliegende Arbeit dar.

Als *Komorbidität* wird das gleichzeitige Vorkommen von mindestens zwei „diagnostisch unterscheidbaren Erkrankungen bei einem Patienten" (Margraf & Maier, 2012, S. 488) bezeichnet. Genauer lassen sich für eine Einzelperson verschiedene Arten der Komorbidität betrachten, so bspw. das zeitgleiche Auftreten von mindestens zwei Störungen („*Querschnittskomorbidität*") oder zeitlich versetztes Auftreten von Störungen („*Längsschnittkomorbidität*"). Die „*klinische Komorbidität*" beschreibt das Vorliegen einer Störung neben bzw. zusätzlich zu einer anderen, wodurch sich gegebenenfalls die Prognose der Patient:innen ändern kann. Komorbiditäten können verschiedene Ursachen haben. Eine ist die mögliche *Überschneidung diagnostischer Kriterien*, also dass verschiedene Störungen durch ähnliche Symptome beschrieben werden. Weiterhin besteht die Möglichkeit des „*reporting bias*", was bedeutet, dass Patient:innen mit einer spezifischen Störung häufiger von Symptomen einer anderen Erkrankung berichten (so z. B. bei Alkoholismus und weiteren Suchtproblematiken). Als dritte Option der Entstehung von Komorbiditäten ist das *Auftreten sekundärer Störungen* zu nennen, also dass eine Störung bspw. durch Auswirkungen auf Lebensqualität weitere Störungen hervorrufen kann. Nicht zuletzt besteht die Alternative, dass *gemeinsame Risikofaktoren* existieren und das Vorhandensein einer Erkrankung die Auftretenswahrscheinlichkeit einer weiteren Störung erhöht (vgl. Margraf & Maier, 2012, S. 488).

Abzugrenzen sind hiervon die Differentialdiagnosen. Eine Differentialdiagnose beschreibt eine mögliche alternative Diagnose, welche im weiteren diagnostischen Prozess geprüft und gegebenenfalls ausgeschlossen werden sollte (vgl. Margraf & Maier, 2012, S. 207). Diese Unterscheidung ist in Bezug auf Autismus-Spektrum-Störungen nicht immer problemlos möglich. So kann beispielsweise bei ASS die Diagnose „Aufmerksamkeits-Defizit-Syndrom" sowohl eine Komorbidität als auch eine Differentialdiagnose darstellen (vgl. Kamp-Becker et al., 2020, o.S.).

Es lässt sich somit zusammenfassend darstellen, dass eine „komorbide psychische Erkrankung" in Verbindung mit ASS eine gleichzeitig oder zeitversetzt auftretende, im Kapitel F der ICD-10 bzw. im DSM-V definierte Krankheit ist. Das Risiko, bei einer bestehenden ASS die Symptome der Diagnose einer psychischen Erkrankung zu erfüllen erscheint im Erwachsenenalter relativ hoch. In verschiedenen Studien hatten rund 54–57 % erwachsener Menschen mit ASS eine komorbide psychische Erkrankung. Bei einer untersuchten Gruppe von Personen bis 79 Jahre sogar 79 %. Bezogen auf eine deutsche Gruppe von Erwachsenen mit Asperger-Syndrom hatten 70 % eine oder mehr psychische Erkrankungen (vgl. Howlin &Magiati, 2017, o.S.). In einer Studie aus dem Jahr 2009 mit Proband:innen aus Schweden und Frankreich erfüllten alle Proband:innen, also 100 %, die Kriterien für mindestens eine Diagnose auf der Achse I[2] des DSM-V (vgl. Hofvander et al., 2009, o.S.). Die häufigsten komorbiden Erkrankungen bei ASS im Erwachsenenalter werden nun näher erläutert. Grundlage hierfür ist in erster Linie die Studie von *Hofvander et al.* aus dem Jahr 2009. Es werden die psychischen Erkrankungen berücksichtigt, welche bei der untersuchten Gruppe

[2] Auf der Achse I des DSM-V sind psychische Störungen außer Persönlichkeitsstörungen verortet.

von 122 Proband:innen mit einem Anteil von mindestens 20 % vorlagen. Anzumerken ist hierbei, dass eine Vielzahl der aufgeführten komorbiden Erkrankungen auch differentialdiagnostisch berücksichtigt werden müssen.

2.4.1 Affektive Störungen

Affektive Störungen gehören zu den häufigsten komorbiden psychischen Erkrankungen bei ASS und sind im ICD-10 in den Kapiteln F30 bis F39 verortet. Milde Ausprägungen ließen sich in einer Studie im Rheinland bei rund 53 % der untersuchten Personen finden, klinisch relevante Ausprägungen bei rund 30 %. In der Studie von *Hofvander et al.* wurde ebenfalls eine Rate von 53 % festgestellt (vgl. Radtke, 2016, S. 194). Zu den affektiven Störungen gehören nach ICD-10 die manische Episode, die bipolare affektive Störung, die depressive Episode, rezidivierende affektive Störungen, anhaltende affektive Störungen (Zyklothymia und Dysthymia) sowie andere affektive Störungen (vgl. Möller et al., 2013, S. 93). Bezogen auf Patient:innen mit ASS ist die Depression die häufigste affektive Störung (vgl. Howlin et al., 2017, o.S.). Diese äußert sich in gedrückter Stimmung, Interessenverlust, Erschöpfungszuständen und Antriebsminderung. Weiterhin können auch verminderte Konzentration, Schlafstörungen und ein vermindertes Selbstwertgefühl auftreten (vgl. Möller et al., 2013, S. 108). Zur Behandlung der Depression werden von der *Arbeitsgemeinschaft der Wissenschaftlichen Medizinischen Fachgesellschaften* (AWMF) sowohl Psychotherapie als auch eine medikamentöse Behandlung empfohlen. Bei leichten depressiven Episoden ist es im Rahmen des „watchful waiting – aktiv-abwartende Begleitung" vertretbar, mit dem Behandlungsbeginn zu warten und Aufklärung sowie niederschwellige psychosoziale Interventionen anzubieten (vgl. DGPPN et al., 2015, S. 46–48). Eine weitere bei ASS häufig auftretende Erkrankung aus dem Bereich der affektiven Störungen ist die bipolare Störung. *Hofvander et al.* verweisen hier auf rund 8 % bei den untersuchten Patient:innen. Zu den Symptomen einer bipolaren Störung gehören die Wechsel zwischen depressiven und manischen Episoden, wobei die manischen Episoden sich bspw. durch gehobene Stimmung, Antriebssteigerung, beschleunigtes Denken, vermindertem Schlafbedürfnis und Selbstüberschätzung auszeichnen (vgl. Möller et al., 2013, S. 104). Behandlungsempfehlung ist hier, abgestimmt auf die Bereiche Akutbehandlung oder Phasenprophylaxe, eine Pharmakotherapie in Verbindung mit einer Psychotherapie. Daneben kann auf nicht-medikamentöse somatische Verfahren (bspw. Schlafentzug) und unterstützende Therapieverfahren (wie Ergotherapie etc.) zurückgegriffen werden (vgl. DGBS e. V. & DGPPN e. V., 2019, S. 81–102).

2.4.2 Angsterkrankungen

Angsterkrankungen sind in der ICD-10 in den Kapiteln F40 und F41 zu finden. Diese machen, auch bei inkohärenten Studienergebnissen, ca. ein Drittel bis rund die Hälfte der komorbiden psychischen Erkrankungen bei ASS aus. Somit stehen sie an zweiter Stelle, hinter den affektiven Störungen. *Howlin & Magiati* verweisen auf eine Zahl von 22–39 % der Menschen mit ASS, welche die Kriterien für eine Angststörung erfüllen, *Hofvander et al.* sogar auf 50 % (vgl. Howlin & Magiati, 2017, o.S.; vgl. Hofvander et al., 2009, o.S.). In einer Studie aus Schweden wiesen 56 % der Proband:innen eine Angststörung auf (vgl. Lugnegard et al., 2011, o.S.). In allen drei Studien machten die „Generalisierte Angststörung" und die „Soziale Phobie" den größten Anteil der Angsterkrankungen aus. Hauptsymptom der „Generalisierten Angststörung" ist ein Gefühl von Angst und Besorgnis, welches von außen betrachtet unrealistisch oder übertrieben wirkt. Das Gefühl kann auf allgemeine oder besondere Lebensumstände bezogen sein und kann einhergehen mit bspw. Nervosität, Grübeln, Konzentrationsstörungen oder motorischer Spannung. Dieses Gefühl muss zur Diagnosestellung mehrere Wochen lang an den meisten Tagen der Woche auftreten (vgl. Möller et al., 2013, S. 138). Die Soziale Phobie ist gekennzeichnet durch übertriebene Angst vor der Bewertung durch andere, wobei den Patient:innen die Irrationalität dieser Angst in der Regel bewusst ist. Gefürchtete Situation (z. B. Sprechen vor Publikum) werden vermieden oder nur unter großer Angst ertragen (vgl. Wittchen & Hoyer, 2011, S. 954). Zur Behandlung von generalisierten Angststörungen werden Psychotherapie und Pharmakotherapie, zur Behandlung spezifischer Phobien eine Expositionstherapie, also eine Methode der Verhaltenstherapie, empfohlen (vgl. Bandelow et al., 2014, S. 20, S. 26).

2.4.3 Aufmerksamkeitsdefizit-Hyperaktivitätsstörung

Die Aufmerksamkeitsdefizit-Hyperaktivitätsstörung (ADHS) (in der ICD: Aktivitäts- und Aufmerksamkeitsstörung, Kapitel F90) tritt überzufällig häufig gemeinsam mit ASS auf. Die Schnittmenge der Symptomatik kann eine klare diagnostische Abgrenzung erschweren (vgl. Philipsen, 2016, S. 207). In der Studie von *Hofvander et al.* belief sich die Anzahl der Patient:innen, welche sowohl eine ASS- als auch eine ADHS-Diagnose vorwiesen, auf 43 % (vgl. Howlin et al., 2009, o.S.). *Lugnegard et al.* und *Howlin & Magiati* verwiesen auf eine geringere Anzahl der Personen, bei welchen in Untersuchungen beide Störungen vorlagen, nämlich auf 28 bzw. 30 % (vgl. Lugnegard et al., 2011, o.S.; vgl. Howlin & Magiati, 2017, o.S.). Die Kardinalsymptome der ADHS sind Aufmerksamkeitsstörung, Impulsivität und Hyperaktivität. Das DSM-V lässt die Differenzierung in verschiedene Subtypen – kombinierter Subtyp, unaufmerksamer Subtyp, hyperaktiv-impulsiver Subtyp – zu, abhängig davon, welche Symptome im Vordergrund stehen (Philipsen, 2016, S. 208).

Insgesamt ist eine Veränderung der Symptome über die Lebensspanne zu erkennen: So fallen Kleinkinder vor allem durch motorische Unruhe, Ziellosigkeit bei der Aufnahme von (Spiel-) Aktivitäten und Trotzverhalten auf, ab dem Schulalter stehen meist Ablenkbarkeit im Unterricht sowie Unruhe und oppositionelles Verhalten im Vordergrund. In der Regel schwächen sich die Symptome zum Erwachsenenalter hin ab, wobei sich der motorische Antrieb in einen Zustand der inneren Unruhe umwandelt. Weiterhin erleben Erwachsene mit ADHS die eigene Impulsivität, Unaufmerksamkeit und Defizite in der Organisation häufig als belastend (vgl. Petermann & Ruhl, 2011, S. 681–682). Zur Behandlung empfiehlt die *AWMF* ein multimodales Behandlungskonzept in Abstimmung mit den Patient:innen und dem Bezugssystem. Immer in Verbindung mit einer umfassenden Psychoedukation, sollte bei milder Ausprägung eine vorwiegend psychosoziale Behandlung erfolgen, bei schwerer Ausprägung kann außerdem eine Pharmakotherapie erfolgen (vgl. Banaschewski et al., 2017, S. 44–45).

2.4.4 Zwangsstörungen

Zwangsstörungen waren bei rund 24 % der in Studien untersuchten Proband:innen mit ASS feststellbar (vgl. Hofvander et al., 2009, o.S.), *Lugnegard et al.* verwiesen auf lediglich 7 % (vgl. Lugnegard et al., 2011, o.S.). Die Diagnose der Zwangsstörung bei einer Autismus-Spektrum-Störung stellt die Untersuchenden vor besondere Herausforderungen, da Zwangssymptome, Routinen und repetitive Verhaltensweisen schon in der ASS Diagnose mit eingeschlossen sind bzw. für eine Diagnosestellung sogar erforderlich sein können. Kriterien für eine Diagnose der Zwangsstörungen sind, dass sich Gedanken oder Handlungen dauernd wiederholen, aufdrängen und als sinnlos erlebt werden. Häufig wird dadurch ein Gefühl des Unbehagens oder sogar Angst hervorgerufen. Zur Diagnosestellung müssen Betroffene versuchen, Widerstand gegenüber mindestens einem zwanghaften Gedanken oder Handlungsimpuls zu leisten (vgl. Möller et al., 2013, S. 147–148; vgl. Isaksson, 2016, S. 239). Aktuell wird in der Forschung diskutiert, wie sich die Zwangsstörung als Komorbidität bei Menschen mit ASS von den autismus-typischen Zwangsphänomenen unterscheiden lässt. Es gibt durch Studien Hinweise darauf, dass ein eher quantitativer Unterschied besteht, also, dass bei Menschen mit ASS die Symptomatik der Zwangserkrankung milder ausgeprägt ist als bei Personen mit einer reinen Zwangsstörung. Inhaltlich scheinen Zwangspatient:innen mit ASS eher zu Sammel-, Hortungs- und Ordnungszwängen zu neigen (vgl. Isaksson, 2016, S. 240–241). Zur Behandlung allgemeiner Zwangsstörungen empfiehlt die *AWMF* als Mittel der ersten Wahl die Verhaltenstherapie, genauer die Exposition mit Reaktionsverhinderung. Ergänzend kann unter bestimmten Voraussetzungen eine Pharmakotherapie erfolgen (vgl. Kordon et al., 2013, S. 35, S. 57).

2.4.5 Tic-Störungen

Tic-Störungen, worunter auch das Gilles-de-la-Tourette-Syndrom (GTS) fällt, treten mit einer Häufigkeit von rund 1–50 % bzw. 20 % (vgl. Lugnegard et al., 2011, o.S.; vgl. Hofvander et al., 2009, o.S.) bei Personen mit ASS auf. Tics lassen sich grob in vokale und motorische Tics unterscheiden, wobei die Ursache in der Regel in der unwillkürlichen Kontraktion von Muskelgruppen besteht. Diese Kontraktionen sind meist kurz und regelmäßig oder unregelmäßig wiederkehrend. Bei vokalen Tics treten die Muskelkontraktionen im Bereich des Zwerchfells und der Kehlkopfmuskeln auf und sind häufig mit Lautäußerungen oder der Aussprache von ganzen Wörtern verbunden. Treten vokale und motorische Tics regelmäßig gemeinsam auf, wird dies als Gilles-de-la-Tourette-Syndrom bezeichnet. Bei von GTS Betroffenen kann auch das Nachahmen von Wörtern oder Gesten (Echolalie/Echopraxie) auftreten. Werden diese im allgemeinen Konsens als obszön gewertet, spricht man von Koprolalie oder Kopropraxie (vgl. Tebartz van Elst, 2016, S. 213–214). Empfinden Patient:innen Leidensdruck, stehen als Therapie Pharmakotherapie und Psychotherapie zur Verfügung (vgl. ebenda, S. 216). Tics sind auch als unerwünschte Wirkung von medikamentöser Therapie möglich und bedürfen somit einer besonders sensiblen Diagnostik.

2.4.6 Weitere komorbide Erkrankungen

Die laut der Studie von *Hofvander et al.* häufigsten komorbiden psychischen Erkrankungen bei ASS wurden unter 2.4.1 bis 2.4.5 näher erläutert. Weitere Erkrankungen, welche in der Literatur in Verbindung mit ASS bereits näher untersucht wurden, sind bspw. Schizophrenie, Essstörungen/abnormes Essverhalten, somatoforme Störungen, Suchterkrankungen, Posttraumatische Belastungsstörung oder Persönlichkeitsstörungen. Vergleicht man die bereits herangezogenen

Studien miteinander, ergibt sich auch hier wieder eine große Bandbreite an festgestellten Fallzahlen. Grundsätzlich können Menschen mit ASS die gleichen psychischen Erkrankungen bekommen wie jede andere Person auch. Insgesamt kann festgehalten werden, dass von der *AWMF* auch für alle weiteren psychischen Erkrankungen zur Behandlung in der Regel die Kombination aus Psychotherapie und Pharmakotherapie empfohlen wird. Ausnahme bilden hier Erkrankungen aus dem Bereich der Schizophrenien, bei der in erster Linie eine medikamentöse Behandlung in Einbettung von psychotherapeutischen und psychosozialen Unterstützungsmöglichkeiten angestrebt wird (vgl. DGPPN e. V., 2019, S. 24, S. 45).

3 Autismus und psychische Erkrankungen – Therapeutische Unterstützungsmöglichkeiten

Im Folgenden werden die therapeutischen Unterstützungsmöglichkeiten für Menschen mit ASS und psychischer Erkrankung, welche die Teilhabe am gesellschaftlichen Leben erleichtern bzw. ermöglichen sollen, vorgestellt. Schwerpunkt liegt hier, als grundlegende Thematik der vorliegenden Arbeit, auf der Auseinandersetzung mit der Autismus-Therapie und der Berücksichtigung komorbider psychischer Erkrankungen in dieser. Auch in diesem Teilbereich wird der Fokus wieder auf die Möglichkeiten für erwachsene Personen mit ASS gelegt. An erster Stelle wird hier die Autismus-Therapie näher untersucht, um einen einheitlichen Wissensstand für den weiteren Verlauf der vorliegenden Arbeit zu schaffen. Weiterhin wird genauer auf das in Autismus-Therapie-Zentren tätige Personal eingegangen. Überdies wird auch der Bereich der Psychotherapie bei ASS eingehend untersucht, um die Grundlage für das Verständnis des empirischen Teils der Arbeit zu schaffen.

3.1 Autismus-Therapie

Autismus-Therapie ist kein einheitlicher, geschützter Begriff. Laut des Positionspapiers von *autismus Deutschland e. V.* ist Autismus-Therapie die „nach den Leitlinien […] in den deutschlandweiten Autismus-Therapie-Zentren (ATZ) durchgeführte, ambulante therapeutische Förderung von Kindern, Jugendlichen und Erwachsenen unter Einbeziehung des jeweiligen Umfeldes“ (autismus Deutschland e. V., 2020, S. 1). Ziele der Therapie werden an dieser Stelle nicht definiert. Es soll jedoch mit Hilfe unterschiedlicher therapeutischer Ansätze flexibel auf die Herausforderungen von Autismus-Spektrum-Störungen reagiert werden, wobei ein ganzheitliches Vorgehen verfolgt und sich am Bedarf der Klient:innen orientiert werden soll (vgl. autismus Deutschland e. V., 2017, S. 12).

R. Frese, *Psychische Erkrankungen in der Autismus-Therapie*, Forschungsreihe der FH Münster, https://doi.org/10.1007/978-3-658-39932-0_3

Nicht zuletzt soll den Klient:innen ermöglicht werden, Stärken und Ressourcen auszuschöpfen und für sie förderlich einzusetzen. Insofern erfolgt Autismus-Therapie symptom- und klient:innenorientiert und zielt nicht auf eine Behandlung der grundlegenden neuronalen Veränderungen ab.

Rechtlich ist die Autismus-Therapie als „komplexe Maßnahme […] zur Eingliederung und Teilhabe […]" (autismus Deutschland e. V., 2020, S. 1) einzuordnen. Als Rechtsgrundlage bzgl. der Finanzierung können, abhängig von Alter und Entwicklungsstand der jeweiligen Klient:innen verschiedene Paragraphen aus dem Sozialgesetzbuch (SGB) IX und SGB VIII[1] herangezogen werden. In der Regel wird die Leistung der Autismus-Therapie dann mit dem Träger der Eingliederungshilfe abgerechnet (vgl. ebenda, S. 1–2). Inhalte dieser Leistungen sind nicht nur die Einzel- oder Gruppenförderung der Menschen mit Autismus an sich, sondern weiterhin eine intensive Zusammenarbeit mit den Bezugspersonen und dem Lebensumfeld wie bspw. Kindertagesstätte, Schule oder Arbeitsstätte und weiteren Hilfesystemen. Inhalte und Umfang dieser Zusammenarbeit sollten dabei individuell den Bedarfen angepasst werden. Um den Menschen mit Autismus und ihrem Lebensumfeld gerecht werden zu können, bedarf es umfassender zeitlicher Ressourcen, weshalb Inhalt und Umfang der Autismus-Therapie nicht von vornherein festgelegt werden können, sondern in zeitlichen Abständen überprüft werden sollten. Eine über mehrere Jahre angelegte Maßnahme wird hierbei grundsätzlich empfohlen (vgl. ebenda, S. 4), um den Bedarfen der Klient:innen ausreichend entsprechen zu können.

Die im Bundesverband *autismus Deutschland e. V.* organisierten ATZ wenden zwar unterschiedliche Therapieverfahren an, berufen sich jedoch gleichermaßen auf die Bemühungen um Intersubjektivität und Partizipation. Dies bedeutet, dass trotz aller Strukturvorgabe von außen das Höchstmaß an Partizipation sowohl für die Klient:innen, als auch für deren Bezugssysteme ermöglicht werden soll. Dadurch soll erreicht werden, dass über die erlebte Selbstwirksamkeit die Motivation als entscheidender Faktor zur Weiterentwicklung bestehen bleibt bzw. gefördert wird. Weiterhin sind Grundsätze der therapeutischen Arbeit ein empathisch-wertschätzender Umgang, die partnerschaftlich-kooperative Grundhaltung sowie die Ressourcenorientierung. Damit orientieren sich diese Normen der Arbeit in den ATZ an den Prinzipien der humanistischen Psychologie, welche davon ausgeht, dass jeder Mensch über eine Selbstaktualisierungstendenz verfügt.

[1] SGB IX: Sozialgesetzbuch neun - „Rehabilitation und Teilhabe von Menschen mit Behinderungen",
SGB VIII: Sozialgesetzbuch acht - „Kinder- und Jugendhilfe".

Dies bedeutet, dass allen Menschen das Motiv innewohnt, sich beständig weiterzuentwickeln und Selbstständigkeit zu erlangen. Eben dieser Prozess muss durch die therapeutische Arbeit in den ATZ bestmöglich in Gang gesetzt und unterstützt werden (vgl. Rickert-Bolg, 2017, S. 28–30; vgl. autismus Deutschland e. V., 2017, S. 12).

3.1.1 Methoden in der Autismus-Therapie

Die Autismus-Therapie steht gleichzeitig vor der Möglichkeit und der Schwierigkeit, aus einer Vielzahl von pädagogisch-therapeutischen Methoden die für die Klient:innen bestmögliche Auswahl zu treffen. In den Leitlinien für die Arbeit in Autismus-Therapie-Zentren beruft sich *autismus Deutschland e. V.* darauf, dass wissenschaftliche Methoden verwendet werden. Dabei ist ein Großteil der möglichen Methoden wenig bis gar nicht empirisch in kontrollierten, randomisierten Studien untersucht worden, sodass nur begrenzte Aussagen über die Evidenz getroffen werden können. Da die Ursache autistischer Symptome bis dato unklar ist, sind die im Folgenden dargelegten Therapieansätze eher symptomatisch, wie bereits in den Leitlinien genannt, zu sehen. Die derzeit am besten empirisch abgesicherten und anerkannt wirksamen Verfahren sind verhaltenstherapeutische Verfahren und Therapieprogramme, besonders wenn diese in Frühförderprogramme integriert sind. Diese Verfahren betrachten autistische Symptome vorwiegend als Defizite im Verhalten, resultierend aus einem Mangel an kognitiven, sozialen und emotionalen Ressourcen und berufen sich als Intervention auf psychologisch-behaviorale Techniken (vgl. Noterdaeme, 2010, S. 156–157).

Im Jahr 2012 hat das National Institute for Health and Care Excellence (NICE) aus Großbritannien eine zusammenfassende Untersuchung von Therapien und Interventionen für Erwachsene mit ASS herausgegeben. In diesen werden in erster Linie soziale Kompetenz-Trainings im Einzel- oder Gruppensetting empfohlen. Weiterhin wird die Relevanz von Trainingseinheiten für alltagspraktische Fähigkeiten sowie individuelle, spezifische Interventionen für herausforderndes Verhalten betont. In diesem Zusammenhang wird nicht auf spezifische Verfahren oder Interventionen verwiesen.

Kamp-Becker und Poustka haben im Jahr 2018 einen eine Übersichtsarbeit über bewährte und untersuchte Verfahren bei ASS veröffentlicht. Diese Verfahren werden im Folgenden detaillierter vorgestellt. Bei all diesen Verfahren muss jedoch angemerkt werden, dass diese in erster Linie für Kinder oder stark eingeschränkte Personen mit ASS entwickelt wurden. Für Erwachsene lassen sich einige Konzepte aus dem Kinder- und Jugendbereich übertragen, wie bspw. aus dem KONTAKT- oder dem KOMPASS-Training. Weiterhin zeigt sich, dass häufig Entlastungs- und lösungsorientierte Gespräche im Fokus der Autismus-Therapie mit hochfunktionalen älteren Jugendlichen und Erwachsenen steht. Die gut untersuchten, verschiedenen methodischen Ansätze werden folgend näher dargestellt[2]:

Umfassende Interventionen

▶ *EIBI:* Hochintensive, individualisierte und früh einsetzende Programme (*Early Intensive Behavioral Interventions (EIBI)*) zeigen bis dato die besten Forschungergebnisse hinsichtlich Ihrer Evidenz. EIBI fokussieren spezifische, auf das Kind und sein Umfeld angepasste Ziele, welche mit rund 20-40h Fördereinheiten pro Woche verfolgt werden. Es gibt verschiedene EIBI-Programme, welche sich hinsichtlich des Lehrplans und der Methodik unterscheiden können, grundsätzlich berufen sich aber all diese Interventionen auf die Prinzipien der Lerntheorie und Verhaltenstherapie, bspw. Applied Behaviour Analysis (ABA) (vgl. Kamp-Becker & Poustka, 2018, S. 8), welche sich wie folgend zusammenfassen lässt:

○ *ABA:* ABA hat zum Ziel, positive Verhaltensänderungen durch die Anwendung von Lerngesetzen zu erzielen. Dabei besteht der Anspruch, wissenschaftlich fundiert und auf der Grundlage von überprüfbaren Daten zu arbeiten. Der Ansatz ist dabei optimistisch, denn es wird davon ausgegangen, durch Umgebungsveränderungen Verhaltensveränderungen verursachen zu können (vgl. Bernard-Opitz & Nikopoulos, 2017, S. 21–23). ABA legt großen Wert auf Verstärkung als entscheidenden Faktor zur Aufrechthaltung von Motivation sowie auf Generalisierung zur Übertragung der erlernten Kompetenzen in den Alltag. Weiterhin werden verschiedene Hilfestellungen angewandt, um den Klient:innen ohne Frustration Lernerfolg zu ermöglichen.

▶ *TEACCH:* Der Ansatz des *Treatment and Education of Autistic and Related Communication Handicapped Children* (TEACCH) fokussiert die Strukturierung von Raum, Zeit, Fördersituation und Handlungen, um den Menschen mit ASS die Gelegenheit zur bestmöglichen Selbstständigkeit und Entwicklung von Fähigkeiten in sicherer Umgebung zu bieten, was in einem pädagogischen Ansatz mündet. Maßgeblich sind dabei eine wissenschaftliche Grundlage, individuelle Förderpläne zur Förderung der ganzheitlichen Entwicklung und die Integration verschiedener Methoden (bspw. Strukturierung und visuelle Hilfen) (vgl. Häußler, 2015, S. 23, S. 43).

[2] Beispiele zu ausgewählten Verfahren befinden sich im Anhang.

Fertigkeiten-basierte Interventionen

► *PECS®:* Das *Picture Exchange Communication System®* (PECS) ist ein Programm für junge Kinder mit ASS, welche über keine bis nur sehr wenig sprachliche Fähigkeiten verfügen. Ziel ist die Vermittlung spontaner Fertigkeiten der sozialen Kommunikation. Das Kommunikationssystem ist Bild- bzw. Icon-geleitet und orientiert sich an behavioralen Prinzipien (vgl. Kamp-Becker & Poustka, 2018, S. 9).

► Training sozialer Fertigkeiten: Unter diesen Punkt fallen die Ansätze, welche auf Aufbau und Verbesserung sozialer Kompetenzen der Menschen mit ASS abzielen. Diese variieren hinsichtlich Zielgruppen, Ziel-Verhaltensweisen, durchführende Personen, Frequenz, Dauer und Setting (vgl. Herbrecht & Bölte, 2009, S. 334). Beispielhaft sind hier die folgenden Interventionen zu nennen:

○ *Programm zur Förderung sozialer Kompetenzen bei Menschen mit Autismus* (SOKO Autismus): SOKO orientiert sich inhaltlich an den Grundlagen des TEACCH-Ansatzes und den darauf basierenden Social Skill Groups aus dem amerikanischen Raum. Ziel des Ansatzes ist es, mit gezielten Maßnahmen die häufig im Zusammenhang mit Autismus auftretenden Schwierigkeiten in sozialen Beziehungen zu bessern. Hierzu benennt Mesibov, ein Mitentwickler des TEACCH-Konzeptes, folgende fünf Bereiche: Förderung der sozialen Interaktion, Verständnis von sozialen Regeln, Förderung der Aufmerksamkeit, Förderung der Kommunikation, Ermöglichung von positiven Erfahrungen (vgl. Häußler et al., 2003, S. 9, S. 18–19).

○ *KONTAKT*: KONTAKT ist ein als Manual angelegtes, evaluiertes Gruppen-Trainingsprogramm für Kinder und Jugendliche mit ASS. Dieses besteht aus verschiedenen Bausteinen, auf welche konstant, intermittierend oder flexibel zurückgegriffen werden kann. Die wesentlichen Ziele des Programms sind das Erlernen grundlegender sozialer Kompetenzen aus den Bereichen „[…] Kontaktaufnahme und wechselseitige Kommunikation, Verständnis sozialer Regeln, Konventionen und soziale […] Beziehungen, Erkennen und Interpretieren verbaler und non-verbaler sozialer Signale, […] Erwerb von Problemlösefähigkeiten, Bewältigungsstrategien sowie die Verbesserung des Selbstwertgefühls" (Herbrecht und Bölte, 2009, S. 339–340).

○ *KOMPASS:* Das *Zürcher Kompetenztraining für Jugendliche mit Autismus-Spektrum-Störungen* (KOMPASS) soll die Teilnehmenden befähigen, zwischen Verhaltensmöglichkeiten auszuwählen, welche sowohl ihren eigenen aktuellen Bedürfnissen als auch dem sozialen Kontext entsprechen. Hierzu werden soziale Kompetenzen vermittelt, weiterhin soll die soziale Aufmerksamkeit für das sozio-emotionale Umfeld gefördert werden (vgl. Jenny et al., 2012, S. 54). Das Training besteht aus verschiedenen Modulen und Themenbereichen, wobei die Angehörigen ebenfalls eingebunden werden (vgl. ebenda, S. 49). Die Interventionen sind als Gruppentraining angelegt, können jedoch auch in ein einzeltherapeutisches Setting integriert werden. Mit KOMPASS-F besteht die Fortsetzung des Trainings in einer Version für Fortgeschrittene und junge Erwachsene.

○ *Social Stories:* Social Stories sind kurze Geschichten und beschreiben soziale Situationen. Sie legen den Fokus dabei auf eine dem jeweiligen Kontext angemessene Verhaltensweise. Somit soll der Person mit ASS die jeweilige Situation, Fertigkeit oder das soziale Konzept erklärt und Perspektivwechsel erleichtert werden. Diese Geschichten können nach bestimmten Richtlinien auch selbst formuliert und für die Klient:innen angepasst werden (vgl. Biscaldi et al., 2017, S. 310).

3.1.2 Personal in der Autismus-Therapie

Die Arbeit in der Autismus-Therapie stellt hohe Anforderungen an die dort arbeitenden Personen. Nicht nur, dass die individuellen Bedarfe und Situationen der Klient:innen gesehen werden müssen, soll weiterhin die Verantwortung gegenüber Bezugspersonen, Bezugssystemen, Arbeitgeber:innen und Leistungsträger:innen berücksichtigt werden (vgl. autismus Deutschland e. V., 2017, S. 8). Der Begriff *Autismus-Therapeut:in* ist weder einheitlich geregelt noch geschützt. Es gibt keine standardisierte Ausbildung.

Der Bundesverband *autismus Deutschland e. V.* vertritt in seinen Leitlinien die Ansicht, dass nur ein multiprofessionelles Team mit verschiedenen Fachkenntnissen den vielfältigen Aufgaben gerecht werden kann. Dieses Team kann bspw. aus Personen mit Studienabschlüssen aus den Bereichen Psychologie, (Heil-, Sonder-, Sozial-)Pädagogik oder Soziale Arbeit bestehen. Diese Fachkräfte müssen

> „über praktische Erfahrungen im Umgang mit Menschen mit einer autistischen Beeinträchtigung verfügen, autismus-spezifische Therapiemethoden einsetzen und dazu anleiten können, allgemein bekannte Ansätze durch Modifikation, die den Besonderheiten der Behinderung entsprechen, anwendbar machen, sich in diesem Bereich kontinuierlich fortbilden und während des Therapieprozesses von in diesem Bereich erfahrenen Fachleuten supervidiert werden […]“ (autismus Deutschland e.V., 2017, S.9).

Weiterhin sollte eine persönliche Eignung durch ein positiv-wertschätzendes und ressourcen-orientiertes Menschenbild vorliegen. Überdies wird besonders betont, dass das Personal regelmäßig Fortbildungen wahrnehmen sollte, welche auf autismus-spezifische Inhalte ausgerichtet sind. Auch die Auseinandersetzung mit den Themen Begleitstörungen, Behinderungen und gesellschaftlicher Teilhabe sind von der Einrichtung im Rahmen von Weiterbildungsmaßnahmen zu fördern (vgl. ebenda, S. 8–9).

In den Leitlinien von *autismus Deutschland e. V.* wird nicht darauf eingegangen, ob die spezifizierten, intensiven Zertifikats-Weiterbildungen[3] zur Autismus-Therapie zur Aufnahme einer Tätigkeit in einem Autismus-Therapie-Zentrum (ATZ) empfohlen werden oder sogar Voraussetzung sind. Weiterhin wird nicht benannt, in welchen regelmäßigen Abständen Fortbildungen besucht werden sollen und was Qualitätsmerkmale dieser sein können, um fundierte wissenschaftlich-therapeutische Arbeit leisten zu können. Damit sind die formulierten Vorgaben nicht eindeutig quantifizierbar und bieten somit großen Interpretationsspielraum bei ihrer Ausführung.

Wie bereits erläutert, empfiehlt *autismus Deutschland e. V.* die Zusammenarbeit von multiprofessionellen Teams. Bei einer Internet-Recherche im September 2020 ergab sich, dass ein Großteil der ATZ in Nordrhein-Westfalen überwiegend Heilpädagog:innen und Sozialarbeiter:innen/Sozialpädagog:innen beschäftigt. Multiprofessionelle Teams mit bspw. Psycholog:innen bildeten hierbei die Ausnahme.

3.1.3 Phasen der therapeutischen Arbeit

Die Arbeit in einem ATZ sollte sich, nach Leitlinien von *autismus Deutschland e. V.*, in verschiedene Phasen unterteilen lassen, explizit in die Anbahnungsphase, die Klärungs- oder Eingangsphase, die Durchführungs- oder Therapiephase und den Abschluss der Maßnahme (vgl. autismus Deutschland e. V., 2017, S. 12, S. 18).

Anbahnungsphase

Die Anbahnungsphase kennzeichnet die erste Kontaktaufnahme zwischen ATZ und Klient:innen sowie deren Bezugssystemen. Zwischen der ersten Kontaktaufnahme und einem persönlichen Erstgespräch sollte dabei möglichst wenig Zeit vergehen. Wird bei diesen ersten Kontakten deutlich, dass die Angebote der Einrichtung nicht zielführend für Klient:innen und/oder Bezugssysteme sind, soll hinsichtlich alternativer Angebote beraten und bei Bedarf auch begleitet werden.

[3] z. B. die zertifizierte Kölner Autismus-Weiterbildung, oder die Fortbildung in Autismus-Therapie des IFA in Bremen.

Bis zu Therapiebeginn sollte den auftraggebenden Systemen eine Ansprechperson zugeordnet werden, die für Rückfragen oder bedarfsgerechte Beratung zur Verfügung steht (vgl. ebenda, S. 13).

Klärungs- oder Eingangsphase

In dieser Phase sollen Informationen erfasst werden, auf welche sich die therapeutische Arbeit stützen kann. Dabei ist auch festzustellen, ob die Maßnahme sinnvoll und notwendig ist, oder Faktoren, welche die Erfolgsaussichten einer Therapie behindern können, überwiegen, wodurch eine Zusammenarbeit verhindert werden kann. Dazu zählen bspw. ein Mangel an Ressourcen im Bezugssystem oder fehlende Bereitschaft der Klient:innen, sich auf Therapieinhalte einzulassen (vgl. ebenda, S. 13). Ebenso ist in der Eingangsphase ein Therapievertrag abzuschließen, welcher z. B. die Punkte Auftrag, Schweigepflicht und Beschwerdemöglichkeiten aufgreift. Hiermit soll eine transparente Zusammenarbeit ermöglicht werden (vgl. ebenda, S. 13).

Inhaltlich soll die Klärungsphase, je nach Alter und Entwicklungsstand, eine a) ausführliche Förderdiagnostik, b) die Analyse der Eltern-Kind-Interaktion, der Ressourcen und des Umfeldes sowie weiterhin c) die Feststellung des konkreten Therapiebedarfs, d) die umfassende Information der Bezugspersonen über Formen der Förderung und e) eine Klärung der Grundlagen für die Mitarbeit der Bezugssysteme umfassen. Diese Informationen münden in der Erarbeitung eines Maßnahmeplans (auch „Förderplan"), welcher insbesondere auf die Bereiche Kommunikation, soziale Interaktion, Verhaltensrepertoire und Flexibilität, Selbstregulation und Selbststeuerung, Identitätsentwicklung und Persönlichkeitsbildung, Sensomotorik und Wahrnehmung sowie lebenspraktische Fertigkeiten und Selbstständigkeit eingeht. Darüber hinaus sollte der individuelle Maßnahmeplan auch die Möglichkeiten zur Übertragung der Förderung bzw. erarbeiteten Inhalte in andere Lebensbereiche wie Schule oder Arbeitsplatz enthalten (vgl. ebenda, S. 14).

Therapiephase

Die individuelle, spezifische Autismus-Therapie muss gleichermaßen die bestmögliche Förderung der Kompetenzen und die Anpassung an die realen Lebenswelten der Menschen mit Autismus leisten. Dabei müssen nicht nur die Bedürfnisse der Bezugspersonen, sondern insbesondere die der Klient:innen mit dem Umfeld in Einklang gebracht werden.

Die Leistungen der Autismus-Therapie müssen deshalb in verschiedenen Settings erbracht werden können: Einzeltherapeutisch im ATZ, zu Hause oder auch in der Kindertageseinrichtung, in der Schule oder am Arbeitsplatz. Weiterhin sollte eine Leistungserbringung auch therapeutisch in Kleingruppen, als Arbeit mit dem Bezugssystem und seinen jeweiligen Untersystemen oder als klient:innenbezogene Netzwerkarbeit möglich sein. In Zusammenhang hiermit wird deutlich, dass Umfang und Ort der Förderung flexibel den Bedürfnissen angepasst werden sollten (vgl. ebenda, S. 14–15).

Die Inhalte der Therapiephase werden in der Regel im Maßnahmenplan festgehalten. Diese können sich aus den verschiedenen Förderbereichen zusammensetzen, wobei Methoden sinnvoll miteinander kombiniert werden können. Insbesondere in der Kleingruppentherapie wird dann der Übertrag der in der Einzeltherapie erarbeiteten Themen in den sozialen Kontext ermöglicht (vgl. ebenda, S. 14–17).

Zu berücksichtigen ist insbesondere in der Therapiephase die Bedeutung von Dokumentation und Evaluation. Dadurch können sowohl positive als auch negative Verläufe erfasst und reflektiert werden. Auch wird somit eine Überprüfung der Förderziele ermöglicht. In der Regel wird in regelmäßigen Abständen ein therapeutischer Entwicklungsbericht verfasst und den beteiligten Systemen zur Verfügung gestellt (vgl. ebenda, S. 18).

Abschluss der Maßnahme

Die Autismus-Therapie wird dann als beendet angesehen, wenn die Weiterführung für Klient:innen und Bezugssystem keinen weiteren Nutzen bringt und die eingangs formulierten und aktualisierten Förderziele erreicht sind. Es sollte geprüft werden, ob Nachsorge, bspw. in Form von Beratungsangeboten, erforderlich ist (vgl. ebenda, S. 18).

3.2 Medikamentöse Therapie

Eine medikamentöse Therapie bei ASS zur Behandlung von Begleitsymptomen wie bspw. der Verminderung von Aggressivität oder Ängsten ist grundsätzlich möglich. Es ist jedoch zu betonen, dass die Kernsymptomatik von ASS dadurch nicht beeinflusst wird. Insgesamt scheinen Personen mit ASS häufiger mit unerwünschten Wirkungen von Medikamenten zu reagieren, weshalb die Einstellung mit Psychopharmaka, insbesondere bei Kindern und Jugendlichen, vorsichtig, langsam und unter enger Beobachtung erfolgen sollte (vgl. Poustka & Poustka, 2009, S. 387–388).

3.3 Psychotherapie bei ASS

Psychotherapie ist eine Leistung aus dem Bereich des SGB V[4] und schließt sich somit nicht mit einer Autismus-Therapie, welche – wie bereits in 3.1 erläutert – zu den Leistungen der Eingliederungshilfe gehört, aus. Psychotherapie soll der Heilung oder Besserung einer seelischen Krankheit dienen. Bei einer Autismus-Spektrum-Störung kann eine psychotherapeutische Behandlung indiziert sein, wenn Sekundärsymptome oder komorbide psychische Erkrankungen die Lebensqualität beeinträchtigen. In diesem Fall kann sich eine Psychotherapie positiv auf die gesamte Lebenssituation der Klient:innen auswirken. Von hoher Relevanz ist dabei, dass die Autismus-Diagnose bereits bekannt ist und somit eventuelle, damit einhergehende Besonderheiten in die Therapieplanung mit einbezogen werden können (vgl. autismus Deutschland e. V., 2020, S. 3).

Gesetzliche Grundlagen für die Durchführung von Psychotherapie sind in der Psychotherapie-Richtlinie des gemeinsamen Bundesausschusses (PT-RL) festgelegt. Diese besagt, dass in einer Psychotherapie methodisch definierte Interventionen angewendet werden sollen, um auf seelische Störungen mit Krankheitsausmaß Einfluss zu nehmen und dadurch Bewältigungsstrategien der betroffenen Person zu fördern (vgl. PT-RL §4 Abs. 1). Grundlage für die Durchführung einer Psychotherapie ist immer eine grundlegende Diagnostik, um die Symptome der Patient:innen erklären und zuordnen zu können. In der Psychotherapie sollen dann psychotherapeutische Techniken zum Einsatz kommen, also spezifische Vorgehensweisen, wie Verfahren und Methoden aufeinander abgestimmt werden, um das angestrebte Ziel zu erreichen (vgl. PT-RL §7). Auch diese Verfahren und Methoden sind in der Richtlinie konkret definiert. Als Behandlungsformen anerkannte Psychotherapieverfahren im Sinne der PT-RL gelten aktuell psychoanalytisch begründete Verfahren, Verhaltenstherapie und systemische Therapie (vgl. PT-RL §15).

3.3.1 Personal in der Psychotherapie

Der Begriff *Psychotherapeut/Psychotherapeutin* (im Folgenden weiter als *Psychotherapeut:in/Psychotherapeut:innen)* ist geschützt. Die Vorgabe, wer die Berufsbezeichnung Psychotherapeut:in tragen darf, ist im „Gesetz über den Beruf der Psychotherapeutin und des Psychotherapeuten" (Psychotherapeutengesetz – PsychThG) geregelt. Hiernach heißt es, dass nur die Personen Psychotherapie als

[4] SGB V: Sozialgesetzbuch fünf - „Gesetzliche Krankenversicherung".

Psychotherapeut:innen ausüben dürfen, die über eine entsprechende Approbation verfügen (vgl. §1 Abs. 1 PsychThG). Diese Approbation kann nur erteilt werden, wenn die Person das Studium, welches die Voraussetzung für die Approbation darstellt, erfolgreich abgeschlossen sowie die psychotherapeutische Prüfung bestanden hat. Weiterhin müssen entsprechende Sprachkenntnisse und gesundheitliche Eignung nachgewiesen werden. Überdies darf die Person, welche den Antrag auf Approbation stellt, sich nicht eines Verhaltens schuldig gemacht haben, welches auf Unwürdigkeit oder Unzuverlässigkeit zur Ausübung des Berufs hinweist (vgl. §2 Abs. 1 Satz 1–4 PsychThG). Inhalte des Studiums, welches Voraussetzung für die Approbation ist, sind ebenfalls im PsychThG gesetzlich geregelt. Dieses Studium soll durch hochschulische Lehre sowie Berufspraktika die Studierenden bspw. dazu befähigen, Störungen mit Krankheitswert zu behandeln, mit weiteren Berufsgruppen patient:innenorientiert zusammen zu arbeiten und berufsethische Prinzipien zu berücksichtigen. Nach dem vorherigen Gesetz dürfen auch Personen, welche die entsprechende Ausbildung mit vorherigem, grundständigem Studium absolviert haben als Psychotherapeut:in tätig sein.

3.3.2 Besonderheiten der Psychotherapie bei ASS

Die ambulante Psychotherapie kann auch bei ASS sowohl als Einzel- als auch als Gruppentherapie erfolgen. Behandlungsmodelle und Erklärungen aus dem Bereich der Tiefenpsychologie werden als wenig zielführend bei ASS belegt. Insgesamt scheinen Menschen mit ASS weniger von Deutungen und Erklärungen zu profitieren als von Möglichkeiten der Weiterentwicklung der sozialen und emotionalen Kompetenzen. Steht nicht nur die Auseinandersetzung mit der Autismus-Diagnose im Vordergrund der Psychotherapie, ist es grundsätzlich möglich, auf alle lernpsychologisch-fundierten Interventionen zurückzugreifen. Diese sollten im Rahmen einer autismus-spezifischen Verhaltenstherapie individuell an die Bedürfnisse der Klient:innen angepasst werden (vgl. Nedjat, 2016, S. 326–327).

Eine Untersuchung von Menschen mit ASS aus dem Jahr 2011 betrachtete die Bedürfnisse und Erwartungen an eine Psychotherapie. Hierbei wurde deutlich, dass den Teilnehmenden der Befragung Unterstützung bezüglich Identitätsfindung und Stressbewältigung wichtig waren. Weiterhin wurde sich von den behandelnden Psychotherapeut:innen eine fundierte Fachkenntnis hinsichtlich ASS gewünscht. Auch diese Untersuchung kam zu dem Schluss, dass neben einer hohen Praxisorientierung schwerpunktmäßig Inhalte und Methoden der kognitiven Verhaltenstherapie Verwendung finden sollten (vgl. Gawronski et al., 2011, S. 651–653).

Preißmann verweist auf die Relevanz von strukturierenden Maßnahmen und klar definierten Behandlungszielen in der Psychotherapie von Menschen mit ASS (vgl. Preißmann, 2013, S. 41). Diese strukturierten Interventionen sollten sich eng am Alltag und der aktuellen Situation der Klient:innen orientieren, da die Generalisierung, bedingt durch die autismusspezifische Symptomatik, erschwert werden kann. Weiterhin betont sie, dass Emotionen und die Sensibilität für die Emotionen der Personen mit ASS einen besonderen Stellenwert einnehmen sollte, da Menschen mit ASS in dieser Thematik häufig enge Unterstützung benötigen (vgl. ebenda, S. 43). Außerdem könne der erschwerte Umgang mit Emotionen bzw. emotionalen Reaktionen den therapeutischen Beziehungsaufbau erschweren (vgl. Gawronski et al., 2011, S. 653).

Riedel et al. plädieren für ein insgesamt verändertes therapeutisches Vorgehen bei Patient:innen mit ASS. So wird bspw. empfohlen, eher geschlossene als offene Fragen zu stellen, um die Kommunikation zu erleichtern. In Zusammenhang mit einer funktionierenden Kommunikation sollte auch die Verwendung von Metaphern im Vorhinein geklärt werden. Weiterhin wird betont, dass die Expositionstherapie, wie sie in der Regel bei Angst- oder Zwangssymptomatik angewandt wird, bei ASS häufig an ihre Grenzen stößt. Bei ASS ist die damit häufig verbundene Reizüberflutung als einflussreicher Faktor nicht zu unterschätzen und kann im Rahmen einer Exposition anstatt zu einem Nachlassen der unangenehmen Empfindung sogar zu einer Verstärkung führen. Es wird empfohlen, hier den Schwerpunkt verstärkt auf die Psychoedukation zu legen, um den Patient:innen zu ermöglichen, unangenehme Situation besser zu verstehen, anstatt sich ihnen nur wiederholt auszusetzen (vgl. Riedel et al., 2016, S. 241–242).

Insgesamt zeigt sich hier also, dass eine Psychotherapie bei Menschen mit ASS möglich ist und auch neben einer Autismus-Therapie stattfinden kann. Gegebenenfalls kann diese auch, je nach Ausprägung der Symptomatik, die alleinige therapeutische Unterstützung bei Klient:innen mit ASS darstellen, solange die behandelnden Therapeut:innen über fundiertes Fachwissen verfügen und die Autismus-Diagnose hinreichend miteinbezogen wird, bspw. durch Psychoedukation. Es wird empfohlen, sich als therapeutische Methode auf die fundierten Möglichkeiten der Verhaltenstherapie zu beziehen.

3.3.3 Das Konzept FASTER als psychotherapeutische Methode

Nach einem Überblick über Psychotherapie bei ASS soll im Folgenden ein spezifisches Konzept näher vorgestellt werden, um einen beispielhaften Einblick in ein psychotherapeutisches Manual zu ermöglichen. Von der Freiburger Autismus-Studiengruppe wurde in den letzten Jahren das Konzept *Freiburger AspergerSpezifische Therapie für Erwachsene* (FASTER) entwickelt. Dieses wird von den Autoren selbst als psychotherapeutische Methode eingeordnet (vgl. Ebert et al., 2013, S. 40), kann aber auch von Autismus-Therapeut:innen angewendet werden. FASTER ist ein in erster Linie gruppentherapeutisches Konzept – wenngleich auch Inhalte im einzeltherapeutischen Setting anwendbar sind – welches Kommunikation und Interaktion sowie soziale Integration der Teilnehmer:innen fördern und den Abbau dysfunktionaler Strategien ermöglichen soll. Insofern zielt es eher auf die Symptome des Autismus als auf psychische Begleiterkrankungen ab. Parallel zur Gruppentherapie werden für die Teilnehmer:innen individuelle Ziele definiert, welche ebenso berücksichtigt werden sollen. Das FASTER-Konzept besteht aus einem Basis-, einem Aufbau- und einem Vertiefungsmodul mit begleitenden Angehörigentreffen und schließt bei Bedarf mit flankierenden Maßnahmen wie bspw. der Anbindung an Weiterbehandler:innen ab (vgl. ebenda, S. 32–35). Wie eine spezifische Berücksichtigung der Komorbiditäten in der Therapie erfolgen kann, bleibt hierbei offen.

3.4 Zusammenfassung Teil I

Insgesamt wird deutlich, dass sich Autismus vielfältig symptomatisch darstellen kann. Dem wird versucht, mit dem Ausdruck *Autismus-Spektrum-Störung* Rechnung zu tragen. Die genauen Ursachen für Autismus sind bis heute nicht bekannt. Eine hohe Zahl, insbesondere der erwachsenen Personen mit ASS, zeigt psychiatrische Komorbiditäten – am häufigsten aus dem Bereich der affektiven Störungen. Dies unterstreicht noch einmal die Relevanz der vorliegenden Arbeit: Dass Menschen mit Autismus mindestens eine weitere psychische Erkrankung haben ist eher die Regel als die Ausnahme.

Zur Verbesserung der Lebensqualität von Menschen mit ASS stehen insbesondere vielfältige Methoden der Autismus-Therapie zur Verfügung, welche jedoch nur bedingt auf die Therapie mit Erwachsenen übertragbar sind. Auch eine psychotherapeutische Behandlung ist möglich, hierbei wird besonders die Verhaltenstherapie in den Vordergrund gestellt. Mit dem FASTER-Modell wurde versucht, ein spezifisches psychotherapeutisches Konzept für die Behandlung von Klient:innen mit ASS zu entwickeln. Es wird außerdem deutlich, dass die Erlangung der Berufsbezeichnung der Psychotherapeut:innen strengen gesetzlichen Regelungen unterliegt. Somit besteht ein markanter Unterschied gegenüber der Bezeichnung Autismus-Therapeut:in, welche weder genauer definiert, noch gesetzlich verankert ist.

Teil II
Erhebung

4 Menschen mit hochfunktionaler ASS und komorbider psychischer Erkrankung in der Autismus-Therapie

Der vorliegende, zweite Teil dieser Arbeit legt den Fokus auf die Forschung, um die eingangs formulierte, erkenntnisleitende Frage anhand empirischer Daten beantworten zu können. In diesem Zusammenhang wird zunächst die aktuelle Situation von Menschen mit ASS und komorbiden psychischen Erkrankungen in der Autismus-Therapie dargestellt. Anschließend werden das Forschungsdesign und die Auswertungsmethode erläutert, um letztendlich über eine Auswertung der Interviews und einer abschließenden, kritischen Reflexion zur Beantwortung der zugrundeliegenden Frage zu gelangen.

4.1 Aktuelle Situation

Es existieren keine Zahlen, wie viele Erwachsene in Deutschland aktuell Klient:innen in der Autismus-Therapie sind, da diese Daten bislang nicht erhoben werden. Der zum Zeitpunkt der Anfertigung der Arbeit zuständige Fachreferent von *autismus Deutschland e. V.* schätzt den gesamten Personenkreis von Menschen in der Autismus-Therapie auf eine fünfstellige Zahl, wobei der Anteil der Erwachsenen in den letzten Jahren deutlich gestiegen sei. Unter diesen dürfte sich nach Darstellung der Zahlen in Abschnitt 2.4 auch ein großer Anteil von Menschen mit psychischer Erkrankung befinden.

Literatur und Leitlinien geben jedoch wenig Auskunft darüber, inwieweit Belange der Menschen mit ASS und psychischen Erkrankungen in der Autismus-Therapie zu berücksichtigen sind. Anders als die Berücksichtigung von Menschen mit ASS in der Psychotherapie scheint die Situation von Menschen mit ASS und psychischen Erkrankungen in der Autismus-Therapie in den letzten Jahren

R. Frese, *Psychische Erkrankungen in der Autismus-Therapie*, Forschungsreihe der FH Münster, https://doi.org/10.1007/978-3-658-39932-0_4

noch wenig Interesse geweckt zu haben. So beleuchten auch die Leitlinien für Arbeit in Autismus-Therapie-Zentren das Thema nur rudimentär. Weder in der Beschreibung der Klärungsphase zur Erfassung der Therapieziele und -inhalte, noch in den sich anschließenden Phasen wird auf komorbide psychische Erkrankungen eingegangen (vgl. autismus Deutschland e. V., 2017, S. 13–18). Es wird auch nicht empfohlen, diese zumindest festzuhalten, bspw. als Faktor, welcher auf den Therapieverlauf einwirken kann. Komorbide psychische Erkrankungen finden weiterhin keine Erwähnung in den Therapieinhalten und -methoden (vgl. ebenda, S. 15). Angemerkt wird, dass Fortbildungen der therapeutischen Kräfte zu Begleitstörungen zu fördern sind und dass eine Psychotherapie parallel zur Autismus-Therapie möglich ist (vgl. ebenda, S. 9–10). Es wird jedoch nicht näher erläutert, welche Begleitstörungen bei ASS auftreten können und wann eine Psychotherapie für die Klient:innen in Betracht gezogen werden sollte.

Das im Jahr 2020 veröffentlichte Positionspapier zur Autismus-Therapie hingegen erkennt an, dass Menschen mit ASS häufig weitere Begleitproblematiken haben, benennt jedoch keine konkreten psychischen Erkrankungen (vgl. autismus Deutschland e. V., 2020, S. 1). Es wird darauf hingewiesen, dass eine Psychotherapie zur Behandlung von Sekundärsymptomen oder komorbiden Störungen möglich ist und diese Behandlung häufig auch die gesamte Lebenssituation der Klient:innen verbessern kann (vgl. ebenda, S. 3).

Ob und wie eine Berücksichtigung der komorbiden psychischen Erkrankungen in der Autismus-Therapie möglich ist, wird nicht näher erläutert. Insgesamt scheint es bei eingehender Untersuchung der beiden Dokumente, dass es an klaren Handlungsempfehlungen für die therapeutischen Kräfte fehlt und komorbide Störungen zwar etwas sind, was bekannt ist, in der konkreten Ausgestaltung der Therapie im ATZ jedoch nur bedingt Berücksichtigung findet.

4.2 Erhebung und Auswertung der Daten

Im Zentrum der folgenden Unterkapitel steht die Erhebung und Auswertung der gewonnen Daten.

Ab Juni 2020 wurde bei insgesamt neun ATZ und zwei Dienstleistern für ambulant betreutes Wohnen (ABW) für Menschen mit ASS in Nordrhein-Westfalen angefragt, ob diese zu einer Mitarbeit an der vorliegenden Arbeit bereit sind. Die Kontaktaufnahme erfolgte in der Regel zunächst telefonisch, anschließend wurden Informationsflyer für Klient:innen und Mitarbeiter:innen per Email versandt, falls die Zustimmung dafür gegeben wurde. Voraussetzung für eine

Teilnahme bei den Interviews war für die Therapeut:innen eine Anstellung im ATZ, für die Klient:innen eine Autismus-Diagnose, das Vorliegen mindestens einer psychischen Erkrankung und Erfahrung in der Autismus-Therapie.

Einem Großteil der angefragten Einrichtungen erschien der Aufwand zur Mitarbeit, also das Austeilen oder Auslegen der versendeten Flyer, zu groß. Schlussendlich waren zwei ATZ und beide Dienstleister für ABW zu einer Mitarbeit bereit, worüber insgesamt sieben Menschen mit ASS, vier Autismus-Therapeut:innen und eine Einrichtungsleitung für Interviews gewonnen werden konnten. Diese erhielten vor den Interviews ausführliche Informationsblätter über den Ablauf der Interviews und der Auswertung. Diese Interviews wurden dann im Zeitraum von Juni bis September 2020 geführt. Im Voraus mussten eine Einverständniserklärung und Datenschutzerklärung unterzeichnet werden. Für die weitere Bearbeitung wurden Kopien über die Autismus-Diagnose und die Diagnose der psychischen Erkrankung zum Verbleib bei der Autorin erstellt. Diese werden vertraulich behandelt und nach einem Jahr vernichtet.

4.2.1 Forschungsmethode

Forschungshypothesen

Grundlage für das Forschungsvorhaben ist die Beantwortung der eingangs gestellten, erkenntnisleitenden Frage. In Zusammenhang mit dieser entstanden nach Erarbeitung des theoretischen Hintergrundes folgende Forschungshypothesen 1): Betroffene wünschen eine Berücksichtigung der psychischen Erkrankung in der Autismus-Therapie, eine Abgrenzung ist nur bedingt möglich, 1a): Dies stimmt mit der Sicht und Kompetenz der Autismus-Therapeut:innen überein, 1b): Dies stimmt nicht mit der Sicht und Kompetenz der Autismus-Therapeut:innen überein. 2): Betroffene wünschen sich keine Berücksichtigung ihrer psychischen Erkrankung in der Autismus-Therapie, eine Abgrenzung ist möglich, 2a): Dies stimmt mit der Sicht und Kompetenz der Autismus-Therapeut:innen überein, 2b): Dies stimmt nicht mit der Sicht und Kompetenz der Autismus-Therapeut:innen überein.

Form der Datenerhebung

Die durchgeführte Forschung erfolgte induktiv. Da bislang keine Ergebnisse zum Forschungsbereich komorbide Erkrankungen in der Autismus-Therapie vorliegen, musste eine Methode gewählt werden, welche relativ offene Antwortmöglichkeiten ließ und keine Antwortmöglichkeiten von vornherein vorgab oder ausschloss.

Hier hätte die Gefahr bestanden, nicht alle, für die befragten Personen jedoch relevanten, Optionen zu berücksichtigen. Somit wurde ein qualitatives Vorgehen einem quantitativen Forschungsdesign vorgezogen. Deshalb wurde als Methode zur Erhebung der Daten sowohl für Klient:innen mit ASS als auch für Therapeut:innen ein offenes, halb-strukturiertes Interview gewählt. Dieses ließ den befragten Personen zum einen die Möglichkeit, offen und mit einem nur geringen Anteil vorgegebener Kategorien zu antworten. Zum anderen hatte die interviewende Person somit die Möglichkeit, die Reihenfolge der Fragen zu ändern oder bei verschiedenen Antworten genauer nachzufragen, um gezielter auf die befragte Person eingehen zu können. Diese Form des Interviews wurde gewählt, um sichergehen zu können, dass alle Fragen richtig verstanden werden. Wie bereits erläutert, gehört zur Symptomatik von Autismus-Spektrum-Störungen eine Beeinträchtigung der Kommunikation. Da bei einem Fragebogen nicht sicher davon ausgegangen werden kann, die Fragen so zu formulieren, dass sie von jeder Person direkt verstanden werden, wurde ein Interview als bessere Option angesehen.

Interviewleitfaden

Für die Interviews wurden zwei verschiedene Interviewleitfäden (siehe Anhang), für Klient:innen und Autismus-Therapeut:innen formuliert. Inhaltlich entstanden diese aus der Kombination von Ergebnissen einer Literaturrecherche und den formulierten Forschungshypothesen, die Entwicklung erfolgte nach der SPSS-Methode nach Helfferich. In den vier Schritten „**S**ammeln", „**P**rüfen", „**S**ortieren" und „**S**ubsumieren" wurden zunächst alle Fragen gesammelt, welche zur Bearbeitung der zugrundeliegenden Fragestellung sinnvoll erschienen. Diese wurden im weiteren Verlauf mit Hilfe von Prüffragen kontrolliert und modifiziert, später sortiert und schlussendlich Überkategorien zugeordnet (vgl. Helfferich, 2011, S. 182–185). Die Leitfäden bestanden dann schlussendlich aus einfachen Einstiegsfragen und problemzentrierten Fragen sowie der Option, Wünsche zu äußern oder abschließende Fragen zum Forschungsvorhaben zu klären. Die formulierten Fragen waren teils offen, teils wurden Kategorien, auf welche sich bezogen werden konnte, vorgeschlagen. Es bestand die Möglichkeit, sich den Leitfaden im Vorhinein zusenden zu lassen, wovon alle Autismus-Therapeut:innen und sechs von sieben Klient:innen Gebrauch machten. Dies wurde angeboten, um Vorhersehbarkeit zu bieten und eine Vorbereitung auf das Gespräch zu ermöglichen. Gerade in Hinblick auf die möglichen Kommunikationsbeeinträchtigungen der Klient:innen wurde dieses Vorgehen als sinnvoll erachtet.

Rahmenbedingungen

Im Zeitraum von Juni bis September wurden insgesamt 12 Interviews in unterschiedlichen Kontexten geführt. Dabei wurde Wert darauf gelegt, eine Form zu finden, in welcher sich sowohl Klient:innen als auch Therapeut:innen wohl fühlen und so eine entspannte Gesprächsatmosphäre gewährleistet ist. Vier der Interviews mit den Klient:innen fanden in den Räumlichkeiten der ATZ oder des ABW statt und wurden entweder durch Autismus-Therapeut:in oder Bezugsbetreuer:in begleitet. Zwei Interviews erfolgten in der Wohnung der Personen mit ASS, ein weiteres Interview wurde über das Online-Medium „Zoom" geführt. Zwei der Interviews mit den Autismus-Therapeut:innen wurden in den jeweiligen ATZ durchgeführt, drei Autismus-Therapeut:innen ließen sich bei sich zu Hause befragen. Insgesamt verliefen nach einer Eingangsphase des Kennenlernens alle Interviews flüssig und ohne Besonderheiten.

Aufzeichnung und Auswertung der Interviews

Die Interviews wurden mit einem Diktiergerät aufgezeichnet, anschließend mit Hilfe des Textbearbeitungsprogramms Microsoft Word transkribiert und anonymisiert. Für die Transkriptionsform wurde die eines einfachen, wörtlichen Transkripts nach Vorschlag von Dresing und Pehl gewählt (vgl. Dresing & Pehl, 2013, S. 21–23). Dies bedeutet, dass das Gesprochene leicht geglättet niedergeschrieben wurde, also bspw. „äh"s nicht transkribiert wurden. Diese erschienen für die Inhalte der Auswertung als nicht relevant. Aussagen werden dadurch nicht verzerrt. Diese einfache Form der Transkription ermöglicht einen zügigen Zugang zum Gesprächsinhalt. Weiterhin wird damit eine einfache Lesbarkeit und die damit einhergehende Analysierbarkeit gewährleistet (vgl. Dresing & Pehl, 2013, S. 18).

Im Rahmen der Anonymisierung wurden Namen von Personen oder Institutionen entfernt, dies wurde mit „[]" gekennzeichnet. Zeitangaben zum Bestehen von Einrichtungen wurden in gröbere Zeitabschnitte (z. B. „länger als drei Jahre") eingeordnet und ebenso in eckige Klammern gesetzt. Angaben zur Tätigkeitsdauer der Autismus-Therapeut:innen blieben unverändert, da davon auszugehen ist, dass ohne Angaben der Einrichtung auch keine Rückschlüsse auf die interviewte Person zu ziehen sind. Nach Abschluss der Anonymisierung sollten die geführten Interviews nicht mehr einzelnen Personen zuzuordnen sein. Auf die Anonymisierung folgte die inhaltliche Auswertung.

Zur Verdeutlichung sind die aufgestellten Transkriptionsregeln in folgender Tabelle zusammengefasst (Tab. 4.1):

Tab. 4.1 Transkriptionsregeln

Darstellung im Transkript	Bedeutung
I:	Interviewerin spricht
B:	Befragte Person spricht
B1, B2:	Mehrere Personen außer der Interviewerin sprechen
(lachen)	Lachen der sprechenden Person
(...)	Pause
Pau:se	Pause innerhalb eines Wortes (glottaler Verschluss)
(unv.)	Wort war unverständlich
!	Ausruf
BETONT	Das Wort ist besonders betont
/	Abbruch eines Satzes oder eines Worts
#00:00:10-2#	Zeitmarker mit Absatz, hier: Aussage endet bei Sekunde 10, dies ist Absatz 2
[geändert]	Die Aussage bzw. das Wort in Klammern wurde im Rahmen der Anonymisierung verändert

Gütekriterien

Gütekriterien gehören zum Standard empirischer Forschung. Sie definieren die Maßstäbe, an denen die Qualität der Forschung gemessen werden kann (vgl. Mayring, 2016, S. 140). Die klassischen Gütekriterien wie Reliabilität und Validität werden von Mayring als wenig tragfähig für qualitatives Arbeiten eingeschätzt (vgl. Lamnek & Krell, 2016, S. 143). Vielmehr müssen neue Gütekriterien entwickelt werden, um qualitativen Forschungsvorgehen gerecht zu werden. Mayring schlägt dafür die sechs Kriterien a) Verfahrensdokumentation, b) Argumentative Interpretationsabsicherung, c) Regelgeleitetheit, d) Nähe zum Gegenstand, e) Kommunikative Validierung und f) Triangulation vor (vgl. Mayring, 2016, S. 144–147).

Unter *Verfahrensdokumentation* versteht Mayring die auf den Forschungsgegenstand bezogene Dokumentation des Vorgehens. Dadurch soll der Forschungsprozess für andere nachvollziehbar werden (vgl. ebenda, S. 144–145). Durch die Dokumentation der Kontaktaufnahme und Rahmenbedingungen, des Forschungs- und Analyseinstruments sowie der im Folgenden expliziten Darstellung der Ergebnisse und deren Interpretation wird dieses Kriterium als erfüllt betrachtet. Die *argumentative Interpretationsabsicherung* beschreibt, dass Interpretationen begründet werden sollen, um den Nachvollzug für Leser:innen zu gewährleisten (vgl. ebenda, S. 145). In den folgenden Kapiteln wird bei Ergebnisdarstellung und Interpretation auf Schlüssigkeit geachtet und Alternativdeutungen mit einbezogen. Interpretationen der Autorin sind deutlich gekennzeichnet. *Regelgeleitetheit* bedeutet, dass bei aller Offenheit gegenüber dem Forschungsgegenstand trotzdem Regeln beachtet werden müssen, insbesondere im Rahmen der Interpretation (vgl. ebenda, 145–146). Die Regelgeleitetheit ist insofern gegeben, als dass die Analyseschritte der qualitativen Inhaltsanalyse berücksichtigt wurden und sowie der theoretisch erarbeitete Hintergrund in die Datenerhebung mit einbezogen wurde. Die *Nähe zum Gegenstand* beschreibt die Anknüpfung in der Alltagswelt der befragten Personen. Weiterhin soll an konkreten sozialen Problemen angesetzt werden und „Forschung für die Betroffenen machen" (vgl. ebenda, S. 146). Dieses Gütekriterium wird durch mehrere Punkte in der vorliegenden Arbeit erfüllt: Klient:innen und Autismus-Therapeut:innen wurden im natürlichen Raum befragt, außerdem wurde der Partizipation Raum gegeben und an realen Problemen und Situationen der Betroffenen angesetzt. Mit der *kommunikativen Validierung* wird beabsichtigt, die Kompetenz der befragten Personen zu berücksichtigen, mit Ihnen zu diskutieren und Ergebnisse ggf. nochmals vorzulegen (vgl. ebenda, S. 147). Dieses Gütekriterium konnte bedingt erfüllt werden, indem für die Interviewteilnehmer:innen das Angebot bestand, sich die Transkripte zusenden zu lassen, wovon mehrere Personen Gebrauch machten. Überdies wurde im Verlauf eines Interviews in der Regel mehrfach das Verständnis des Gesagten durch Rückversicherungen überprüft. Allerdings konnte aufgrund des Zeitrahmens einer Masterarbeit keine abschließende Diskussion der Ergebnisse mit allen Beteiligten durchgeführt werden. Abschließend soll das Kriterium der *Triangulation* überprüft werden: hierunter fasst Mayring die Verbindung mehrerer Analysevorgänge durch verschiedene Vorgehensweise. Dafür sollten bspw. unterschiedliche Interpret:innen, Datenquellen oder Analysemethoden berücksichtigt werden (vgl. ebenda, S. 147–148). Dieses Kriterium konnte aufgrund der zeitlichen Vorgaben und der Rahmenbedingungen, insbesondere der Anfertigung der Arbeit durch eine einzelne Autorin, nicht erfüllt werden.

4.2.2 Auswertungsmethode

Als Auswertungsmethode wurde die qualitative Inhaltsanalyse nach Mayring gewählt, genauer: die zusammenfassende Inhaltsanalyse. Grundsätzlich schlägt Mayring folgende neun Schritte zur Analyse von Material vor: „(1) Festlegung des Materials, (2) Analyse der Entstehungssituation, (3) formale Charakterisierung des Materials, (4) Richtung der Analyse, (5) theoriegeleitete Differenzierung der Fragestellung, (6) Bestimmung der Analysetechnik, (7) Definition der Analyseeinheit, (8) Analyse des Materials und (9) Interpretation“ (Lamnek & Krell, 2016, S. 496). Auf die nähere Erläuterung der Punkte eins bis sieben wird an dieser Stelle verzichtet, da sich diese (Materialauswahl, Fragestellung) aus dem Kontext der vorliegenden Arbeit ergeben.

Im Fokus der Auswertung für diese Arbeit steht mit Punkt acht die Zusammenfassung und Kategorisierung des Materials, die weiteren Punkte werden in der folgenden Darstellung vernachlässigt. Das Analyseverfahren der Zusammenfassung nach Mayring hat den Anspruch, vorhandenes Material so zu reduzieren, dass die wesentlichen Inhalte bestehen bleiben und so ein Abbild des gesamten Materials ergeben (vgl. ebenda, S. 488). In diesem Zusammenhang wird das Material, in diesem Fall die anonymisierten Transkripte der Interviews, paraphrasiert und alle nicht oder nur wenig inhaltstragenden Textteile entfernt. Die erhaltenen Paraphrasen werden dann abstrakt neu formuliert und zusammengefasst. Anschließend folgen die Schritte der ersten und zweiten Reduktion, bei denen bedeutungsgleiche Paraphrasen innerhalb der Einheiten entfernt werden (vgl. ebenda, S. 488–489). Die Auswertung erfolgte hierbei händisch und ohne weitere Hilfsmittel.

Abschließend können die wesentlichen Ergebnisse anhand der im Auswertungsverlauf induktiv gebildeten Kategorien dargestellt und interpretiert werden. Da dies in dieser Arbeit von wesentlicher Bedeutung ist, um die erkenntnisleitende Frage hinreichend beantworten zu können, werden die Ergebnisse der Datenerhebung detailliert in Abschnitt 4.3 dargestellt. Eine Interpretation der gewonnenen Erkenntnisse erfolgt in Abschnitt 4.4. Die gewählte Auswertungsmethode, die qualitative Inhaltsanalyse nach Mayring, eignete sich für das Forschungsvorhaben besonders dadurch, dass die Interviews eingehend der erkenntnisleitenden Frage nach untersucht werden konnten und eine flexible Kategoriebildung ermöglicht wurde.

4.3 Darstellung der Ergebnisse

Im Folgenden werden die aus den Antworten gebildeten Kategorien dargestellt. Kontextbezogene Fragen wurden nicht kategorisiert, werden aber einleitend zusammenfassend dargestellt, um den Leser:innen eine bessere Einordnung der befragten Personen zu bieten.

Ergebnisse der Interviews mit Menschen mit ASS

Die befragten Personen mit ASS wiesen folgende Merkmale auf (Tab. 4.2):

Tab. 4.2 Merkmale der befragten Menschen mit ASS

Kategorie	Daten
Geburtsjahre	1959, 2× 1976, 2× 1984, 1986, 1994
Geschlechterverteilung	2 weiblich, 2 männlich, 2 trans-männlich, 1 non-binär
Vorliegende komorbide psychische Erkrankungen (als eigenständige Diagnosen aufgeführt)	K1: Rezidivierende depressive Störung, Dysthymie, soziale Phobie, Schlafstörung, Persönlichkeitsstörung (unsicher-vermeidend); K2: Agoraphobie, Angststörung, Depression, Posttraumatische Belastungsstörung, Aktivitäts- und Aufmerksamkeitsstörung, Somatoforme Störungen K3: Angststörung, Panikstörung, Depression, Agoraphobie, Essstörung, Zwangsstörung, Aktivitäts- und Aufmerksamkeitsstörung, Persönlichkeitsstörung (Borderline) K4: Depressive Episode (mittelgradig), Angststörung, Soziale Phobie, Aktivitäts- und Aufmerksamkeitsstörung K5: Depressive Episode, Angststörung K6: Depression, Persönlichkeitsstörung (schizoid), affektive Psychose K7: Depression

Die in den Interviews getroffenen Aussagen der Personen mit ASS ließen sich durch folgende Kategorien zusammenfassen und verdichten (Tab. 4.3):

Tab. 4.3 Kategorisierte Aussagen 1

Kategorie	Inhalt und Belege
A1) Auslöser für die Aufnahme einer Autismus-Therapie	Techniken erlernen, um ASS besser kennenzulernen sowie Umgang mit ASS besser zu erlernen (Psychoedukation) (K5, Z.23; K4, Z.44; K1, Z.14–16), allgemeine Probleme im Alltag/in der Alltagsbewältigung (K7, Z.22; K4, Z.23; K2, Z.22), Empfinden einer Andersartigkeit (K7, Z.26), soziale Einbußen (K3, Z.18), Wahrnehmung einer veränderten Informationsverarbeitung (K3, Z.19–20), Kommunikationsprobleme (K3, Z.21–22).

(Fortsetzung)

Tab. 4.3 (Fortsetzung)

Kategorie	Inhalt und Belege
A2) Themen und Ziele in der Autismus-Therapie	Psychoedukation (K5, Z.45; K4, Z.55; K3, Z.39–40), Alltag, Beruf und Studium (K5, Z.36; K6, Z.49; K4, Z.31), Konflikte (K5, Z.36; K6, Z.49; K4, Z.31); Besprechung konkreter Probleme (K7, Z.34); Förderung sozialer Kommunikation (K7, Z.42; K4, Z.24), Förderung sozialer Kontakte/Beziehung (K7, Z.39; K2, Z.47; K1, Z.36–37); Sozialverhalten (eigenes und allgemein typisches) (K7, Z.72; K3, Z.67–68; K2, Z.49–50, Z.33); Alltagsbewältigung (K6, Z.41; K3, Z.37; K2, Z.44), Ernährung (K6, Z.52), Biografiearbeit (K6, Z.45), Selbstfürsorge/eigene Bedürfnisse und Selbstakzeptanz (K6, Z.63; K3, Z.83–84; K1, Z.24–25), Handlungsabläufe erlernen (K4, Z.27), Reflexion des Alltagsgeschehens (K4, Z.27), Grenzen setzen (K4, Z.36), Loslösen von Erwartungen (K4, Z.38; K3, Z.82), Reflexionsarbeit (K4, Z.63), Motivationsarbeit (K4, Z.63), Erlernen sozialer Fähigkeiten (K3, Z.31; K2, Z.79; K1, Z.21–22), Umgang mit Überreizung (K3, Z.48–51), Komorbide Erkrankungen (auch Psychoedukation) (K3, Z.48–51), Emotionen (K3, Z.62; K2, Z.51; K1, Z.23), Gruppendynamiken/soziale Dynamiken (K3, Z.62–62; K2, Z.74), Selbstwert (K3, Z.70), Haushalt/Strukturierung (K2, Z.52–53), Priorisierung/Ziele formulieren (K1, Z.31–32).
A3) Themen und Ziele in der Psychotherapie	Mobbing (K5, Z.156; K6, Z.256), Behandlung der psychischen Erkrankung (K5, Z.166; K7, Z.253; K2, Z.219), Persönlichkeit (K5, Z.159), Emotionen und Verhalten (K7, Z.257; K2, Z.220–222), Reflexion des Alltagsgeschehens (K4, Z.27–28. K2, Z.206–209), Motivationsarbeit (K4, Z.260), Alltagsbewältigung (K4, Z.259–260), negative Denkmuster (K4, Z.262), soziale Kommunikation (K3, Z.299), Sozialverhalten (K3, Z.300), Selbstwert und -bewusstsein (K2, Z.210–212), Imagination und Stabilisierung (K2, Z.213–216), Beziehung (K2, Z.219–220).
A4) Positive Wirkfaktoren in der Autismus-Therapie	Struktur (K5, Z.25), Entspannungsphasen (K5, Z.25), gewohnte Rituale (K5, Z.133), Gesprächspartner (positiv für Depression) (K7, Z.225), Offenheit der Autismus-Therapeut:innen (K4, Z.160, Z.192), Orientierung an aktuellen Bedarfen (K2, Z.163–164), Berücksichtigung der Komorbidität (K1, Z.128–133, Z.149–151).

(Fortsetzung)

Tab. 4.3 (Fortsetzung)

Kategorie	Inhalt und Belege
A5) Negative Wirkfaktoren in der Autismus-Therapie	Erkrankungen werden nicht besprochen (K5, Z.115), psychische Erkrankungen dürfen nicht bearbeitet werden (K4, Z.163), Abblocken bei Gesprächsbedarf (K4, Z.233).
A6) Einfluss der ASS und komorbiden Erkrankung aufeinander	Sehr starker Einfluss aufeinander (K5, Z.82; K2, Z.121–122; K1, Z.87–90), ASS stellt die Basis für die Entwicklung weiterer psychischer Beschwerden dar (K5, Z.94; K2, Z.121–122), ASS verstärkt depressive Symptomatik (K7, Z.112; K6, Z.136), Verstärkung durch ASS und komorbiden Erkrankung erlebten Unverständnisses in der Gesellschaft (K7, Z.124), starker Einfluss aufeinander (K6, Z.113), Verstärkung der Alarmbereitschaft und Angstzuständen durch autistische Denkweise (K6, Z.121, Z.124; K3, Z.150–152), komorbide Störungen erschweren Umsetzung der Therapieinhalte (K4, Z.123), Verhaltenstherapeutische Schemata funktionieren nicht bei ASS (K4, Z.145–146), typische Methoden bei Depression funktionieren nicht (K4, Z.147–148), gesteigerte Vulnerabilität durch ASS (K3, Z.134–135), ASS und psychische Erkrankung verstärken sich gegenseitig (K2, Z.153–154), komorbide Erkrankung durch ASS entstanden und verstärkt (K1, 87–90), Therapieerfolge werden durch komorbide Erkrankungen wieder zerstört (K1, Z.101–104).
A7) Einfluss der Autismus-Therapie auf psychische Erkrankung	Therapie wirkt mindernd Risiko eines Rezidivs bei Depression (K7, Z.139, Z.227), positive Wirkung durch Entlastungsmöglichkeit (K6, 221), Therapie wirkt durch Gespräche mindernd auf Symptome der Angst und Posttraumatische Belastungsstörung (K2, Z.138–142).
A8) Möglichkeit der strikten Aufteilung der Therapiethemen zwischen Autismus-Therapie und Psychotherapie	Nur bedingt vorstellbar (K5, Z.179), Nicht möglich (K7, Z.297; K6, Z.278, Z.282; K4, Z.269; K1, Z.202), Abgrenzung der Symptome schwierig (K4, Z.133–134; K1, Z.205–207), beides wirkt zu sehr aufeinander ein (K4, Z.274–276), nicht sinnvoll, da sich beides bedingt (K3, Z.318–320) man profitiert von beidem (K3, Z.332–334), nicht möglich durch gegenseitiges Bedingen/Verstärkung/Abschwächung (K2, Z.231–233).
A9) Wunsch, ob psychische Erkrankung in der Autismus-Therapie berücksichtigt werden solle	Grundsätzlich ja (K5, Z.137), Ja (K1, Z.131–133, Z.202–2014; K2, Z.179–183, K3, Z.262, Z.282; K4, Z.158; K5, Z.137).

(Fortsetzung)

Tab. 4.3 (Fortsetzung)

Kategorie	Inhalt und Belege
A10) Wünsche an die Autismus-Therapeut:innen/positiv erlebtes Verhalten	Fachwissen im Bereich ASS (K7, Z.143), Verständnis für negative Stimmung (K7, Z.168), Unterstützung bei Selbst-Verstehen (K7, Z.162), Empathie für autistische Denkweise (K7, Z.173), Fachwissen für komorbide Erkrankung (K6, Z.152; K4, Z.170; K3, Z.186–187; K2, Z.147–148), Verständnis allgemein, auch für Nicht-Gelingen (K6, Z.153; K1, Z.115–116), ernst genommen werden (K6, Z.166–167), Flexibilität/ flexible Denkweise (K6, Z.200; K3, Z.189), ganzheitliche Sichtweise (K2, Z.136–138), Offenheit für Trans-Identitäten (K4, Z.201), autistisches Verhalten respektieren (K4, Z.204), Offenheit (K3, Z.212), Lösungsorientierung (K3, Z.212), positive, wertschätzende Grundhaltung (K3, Z.225, Z.249), Fachwissen für Diagnostik (K1, Z.113).
A11) Wünsche an die Autismus-Therapie	Hilfen geben, Veränderungen selbst wahrzunehmen, z. B. über Screenings (K4, Z.226–228), Berücksichtigung komorbider Erkrankungen (K4, Z.158; K3, Z.262–263), Hilfe für Alltagsbewältigung (K4, Z.204).
A12) Weitere Wünsche zur Verbesserung der Unterstützung von Menschen mit ASS und psychischer Erkrankung	Mehr Verständnis für/Wissen über ASS bei Ärzten, Therapeut:innen (K7, Z.178–180, Z.191; K6, Z.304–305; K4, Z.179–181), mehr Forschung/Wissen über für ASS bei Frauen (K7, Z.197; K4, Z.181), schnellere Diagnostik (K7, Z.211), mehr Plätze in der Psychotherapie (K7, Z.263–268), ATZ auch als Anlaufstelle für Psychotherapie (K6, Z.175, Z.181, Z.209), mehr Kooperation zwischen Autismus-Therapie und Psychotherapie (K4, Z.177–178), mehr Offenheit in der Gesellschaft (K4, Z.315–325), Abbau von Stigmatisierung (K4, Z.343), Abbau von Hindernissen im Zugang zu Hilfesystemen (K4, Z.347–349).
A13) Genannte Auffälligkeiten, ohne Kategoriezuordnung	Person fühlt sich in der Auseinandersetzung mit Problematiken allein (K5, Z.117), Unverständnis der Psychotherapeut:innen (K7, Z.249; K6, Z.255), Autismus-Therapie oft einzige Anlaufstelle (K4, Z.234), übliche VT Methoden nicht immer umsetzbar mit ASS (K1, Z.115–116; K4, Z.145–146), Psychotherapeut:innen kennen sich häufig nur wenig mit ASS aus (K1, Z.110–111), Nicht-Umsetzen-Können der Therapieinhalte führt zu Selbstwertproblematik (K1, Z.129–130), Konfrontation (Exposition) kann überfordernd sein (K1, Z.164–173), Generalisierung der Therapieinhalte schwierig (K1, Z.184–187), teilweise fehlende Sinnhaftigkeit der Interventionen für Patient:innen (K1, Z.169–172).

Insgesamt zeigen sich hier teilweise Überschneidungen der Inhalte der Kategorien. In Kategorie A10 ließ sich anhand der Aussagen in den Interviews nicht immer strikt trennen, ob es sich um erwünschtes oder bereits erlebtes positiv gewertetes Verhalten handelt, weshalb die Aussagen hier unter einer gemeinsamen Überschrift zusammengefasst wurden.

Ergebnisse der Interviews mit Autismus-Therapeut:innen

Die Interviews mit den Autismus-Therapeut:innen wurden mit Personen aus zwei verschiedenen ATZ geführt. Die ATZ wiesen dabei folgende Merkmale auf (Tab. 4.4):

Tab. 4.4 Merkmale der ATZ

	ATZ A	ATZ B
Klient:innenzahl	rund 100	rund 80
Bestehend seit	mehr als 5 Jahren	mehr als 3 Jahren
Mitarbeiter:innenzahl	gesamt 10 Personen	7 Personen plus Leitung
Beschäftigte Beufsgruppen in der Autismus-Therapie	Heilpädagog:innen, Rehabilitations-Pädagog:innen, Sozialpädagog:innen, Sozialarbeiter:innen, Psycholog:in/Psychotherapeut:in	Heilpädagog:innen, Rehabilitations-Pädagog:innen, Rehabilitations-Wissenschaftler:innen, Sozialarbeiter:innen, Diplom-Pädagog:innen

Die befragten Mitarbeiter:innen der beiden ATZ wiesen folgende Merkmale auf (Tab. 4.5):

Tab. 4.5 Merkmale der befragten Autismus-Therapeut:innen

Tätig im ATZ als	4 als Therapeut:innen, 1 als Leitung mit Tätigkeit in der Therapie
Geschlechterverteilung	Alle weiblich
Berufserfahrung	7 Jahre, 5 Jahre, 4 Jahre, 4 Jahre (2 davon als Leitung), 2 Jahre
Stundenzahl pro Woche	Vollzeit, Vollzeit (jetzt im Mutterschutz), 35h, 25h, 1h (vormals 32h)

(Fortsetzung)

Tab. 4.5 (Fortsetzung)

Neben der Anstellung im ATZ noch tätig als	1 als Psychotherapeut:in 1 als Bezugsbetreuer:in im ambulant betreuten Wohnen
Weitere Ausbildungen	1 hatte Zusatzqualifikation zur Autismus-Therapeut:in, 1 hatte Ausbildung zur Psychotherapeut:in, 1 Weiterbildung als Entspannungspädagog:in

Die in den Interviews getroffenen Aussagen der Autismus-Therapeut:innen ließen sich durch folgende Kategorien zusammenfassen und verdichten (Tab. 4.6):

Tab. 4.6 Kategorisierte Aussagen 2

Kategorie	Inhalt und Belege
B1) Erfragen von Komorbiditäten	Durch Stammdatenblatt/Anamnesebogen (freiwillige Angaben) (T5, Z.51–54; T4, Z.66–67, Z.75–78; T2, Z.68–60; T3, Z.45–46, Z.52–54), erfordert Eigeninitiative der Klient:innen (T5, Z.55–57; T4, Z.71–73; T2, Z.74; T1, Z.62–64).
B2) Berücksichtigung von Komorbiditäten im Konzept	Keine Berücksichtigung (bezogen auf ATZ A und ATZ B) (T5, Z.149; T3, Z.163; T1, Z.182–183; T4, Z.243–244; T2, Z.212), auf Individualität ausgerichtetes Konzept (T4, Z.245; T3, Z.164).
B3) Erfahrungen vor Tätigkeit im ATZ	FSJ an einer Förderschule (T5, Z.30; T4, Z.35, Z.40–41), Dienstleistungsunternehmen speziell für Autismus (T5, Z.32; T1, Z.34–37), 10 Jahre Erfahrung mit Menschen mit ASS (T5, Z.36–37), Praktikum an einer Förderschule (T4, Z.37), FUD/Einzelbegleitung (T3, Z.24–25), Forschung/schriftliche Arbeiten (T3, Z.29–30), punktuelles hospitieren in der Autismus-Therapie (T2, Z.41–43).
B4) Wissen über ASS zum großen Teil erworben durch	Eigene Recherche (T5, Z.210–211; T4, Z.42–43, Z.222; T2, Z.174–175), Recherchen im Studium (T5, Z.156–159).
B5) Komorbiditäten bei Klient:innen im ATZ	Depressionen (T5, Z.105–106; T1, Z.114; T4, Z.137; T3, Z.106), Angststörungen (T5, Z.105–106; T4, Z.150; T1, Z.114), Mutismus (T4, Z.146), Schizophrenie (T4, Z.147; T2, Z.114–115), Soziale Phobie (T4, Z.150), ADHS (T3, Z.107; T2, Z.116), Borderline (T3, Z.107–108), Essstörungen (T3, Z.109; T1, Z.115), Schlafstörungen (T3, Z.109), Posttraumatische Belastungsstörung (T2, Z.115).

(Fortsetzung)

Tab. 4.6 (Fortsetzung)

Kategorie	Inhalt und Belege
B6) Geschätzter Anteil an komorbiden Erkrankungen	Rund 50 % (T5, Z.99–101), 80–90 % (T4, Z.126–127), 25–50 % (T3, Z.93–94), 100 % (T2, Z.98–101), Rund 1/3 (T1, Z.110–111).
B7) Themen und Bedarfe der Klient:innen mit komorbiden Erkrankungen	Schaffung von Strukturen (T5, Z.113, Z.128; T3, Z.119, Z.122; T2, Z.140), Berücksichtigung der Komorbidität (T5, Z.111–113, Z.126; T4, Z.169–170; T2, Z.142–143), Entlastungsgespräche (T5, Z.121; T3, Z.115), Konzentrationsförderung (T5, Z.115), Reflexion konkreter Situationen (T5, Z.121–122), viele Bedarfe parallel (T4, Z.157), Priorisierung/ Ziele finden (T4, Z.162; T3, Z.124; T1, Z.126–128), Gesprächspartner:in/Entlastung (T4, Z.160–161), Arbeit und Beschäftigung (T4, Z.167–168), Interessen & Freizeitgestaltung (T4, Z.174), Netzwerk aufbauen (T4, Z.177–178), Psychoedukation ASS (T4, Z.184–185; T2, Z.125–127; T1, Z.120–122), Psychoedukation Komorbidität (T4, Z.184–186; T1, Z.120–122), Reflexion (T4, Z.163), Emotionen (T4, Z.189), Biografiearbeit (T4, Z.195), Persönlichkeit/ Selbstakzeptanz (T4, Z.210–211; T3, 125), Alltagsbewältigung (T3, Z.117–118; T1, Z.136), Stimmung/Antrieb/Lust (T2, Z.134), Handlungsabläufe trainieren (T2, Z.138–140), Abgrenzung von Symptomen (T1, Z.120–122), Kommunikationsstrategien (T1, Z.135), Umgang mit Ängsten (T1, Z.137).
B8) Möglichkeit der Abgrenzung der Bedarfe zwischen ASS und komorbider Erkrankung	Nein, außerdem wird ein ganzheitlicher Ansatz verfolgt (T5, Z.134–136), Nein, nicht möglich (T4, Z.202; T2, Z.148–149), nicht möglich, da ähnliche Bedarfe/Bedürfnisse bestehen (T3, Z.130–134), Nein, aber teilweise Bedarf an Abgrenzung (T1, Z.143–145), erschwert, da Symptome nicht verallgemeinerbar sind (T1, Z.151).
B9) Ausschluss aus Autismus-Therapie durch komorbide Erkrankung möglich	Möglich, falls ASS oder Autismus-Therapie nicht im Vordergrund stehen (T5, Z.65–67; T1, Z.74, Z.79); falls Förderziele ggf. nicht erreicht werden können (T5, Z.71–75; T4, Z.101–102), bis dato nicht, aber denkbar (T4, Z.85), denkbar, wenn Kompetenzen überstiegen werden (T4, Z.87–89), im Rahmen einer Optimierung der Hilfe denkbar (T4, Z.115–116; T5, Z.68–60), hängt von Bereitschaft der Klient:innen ab (T3, Z.61, Z.68–69), Abbruch bei fehlender Bereitschaft (T3, Z.82–83), ggf. deutliche Empfehlung zu anderen Therapien (T2, Z.83–85).

(Fortsetzung)

Tab. 4.6 (Fortsetzung)

Kategorie	Inhalt und Belege
B10) Umgang mit Ausschluss/Beendigung der Autismus-Therapie	Allgemeine Weiterverweisung (T5, Z.80–81; T2, Z.82–83); gemeinsamer Anruf (T4, Z.110), Begleitung zu Ersterminen (T4, Z.111), Empfehlung zur Aufnahme einer Psychotherapie (T3, Z.77–79).
B11) Vorgehen bei psychiatrisch-psychotherapeutischen Fragestellungen	Kein Teilen von „Halbwissen" (T5, Z.179–180), Rücksprache mit Kooperationspartner:innen (T5, Z.182–183), Weiterverweisen der Klient:innen (T5, Z.184), Rücksprache im Team (T4, Z.233; T3, Z.153–154), Rücksprache mit Psychotherapeut:in im Team (T4, Z.231), eigene Recherchen über weitere Möglichkeiten (T4, Z.235–236; T3, Z.158–159), Rücksprache mit der Leitung (T3, 154; T1, Z.92–93), keine generelle Vorgehensweise (T1, Z.90, Z.95–97), Rücksprache mit betroffenen Klient:innen (T1, Z.95).
B12) Negative Wirkfaktoren in der Autismus-Therapie	Fehlendes Wissen der Autismus-Therapeut:innen über psychische Erkrankungen (T5, Z.143–145; T4, Z.88–91, Z.309; T1, Z.83–85), Frustration der Autismus-Therapeut:innen (T4, Z.93–97), fehlender Fortschritt der Klient:innen (T4, Z.93–97), Unsicherheit der Therapeut:innen (T4, Z.308–309), begrenzte Ressourcen der Klient:innen durch psychische Erkrankung (T2, Z.88–89), Therapie wird erschwert durch psychische Erkrankung (T2, Z.238–240), fehlendes Wissen über Hilfemöglichkeiten (T1, Z.86); mangelnde Finanzierung von Gesprächen (T5, Z.215–216), Differenzierung der Symptomatik schwierig (T4, Z.204; T3, Z.133–134, Z.168–169; T1, Z.212–213), Autismus-Therapie ist grundsätzlich ein pädagogischer Ansatz (T1, Z.212–213).
B13) Vorbereitung durch Berufsausbildung auf ASS und psychische Erkrankungen	Oberflächlich im Studium (Heilpädagogik, Soziale Arbeit, Rehabilitations-Pädagogik/-Wissenschaft) (T5, Z.153; T4, Z.216–218; T1, Z.156, Z.159–160; T3, Z.141–142), keine Berücksichtigung im Master (T5, Z.154), insgesamt unzureichende Ausbildungsinhalte (T4, Z.216), wenig in der Ausbildung zur Autismus-Therapeutin (T2, Z.166–168), keine Inhalte in der Psychotherapie-Ausbildung (T2, Z.203), insgesamt zu wenig Verknüpfung (T1, Z.159–160), Soziale Arbeit insgesamt für die Tätigkeit im ATZ nicht unbedingt geeignet (T1, Z.238–239).
B14) Nutzung der Weiterbildungsmöglichkeiten zum Thema	Nein, da es zu wenig gibt (T5, Z.162, Z.171–172), wenig (T4, Z.220–221), Nein, nicht genutzt (T3, Z.146–147), Nein, Fortbildung nicht verpflichtend (T1, Z.163–166).

(Fortsetzung)

Tab. 4.6 (Fortsetzung)

Kategorie	Inhalt und Belege
B15) Bedarfe der Autismus-Therapeut:innen	Klare Linie für Umgang mit Fragen, z. B. Handlungsplan (T4, Z.248–249, 252–253; T1, Z.177–179, 198), mehr Fortbildungsangebote (T5, Z.162, Z.170–171, Z.199–200; T4, Z.269–270; T2, Z.320–321), mehr Erfahrung im psychiatrischen Bereich (T3, Z.175–176), Verbesserte Einarbeitung (T3, Z.202–204), Ansprechpartner:innen für psychiatrisch-psychotherapeutische Fragen (T3, Z.176, Z.182–185; T1, Z.196–197), mehr Wissen über komorbide Erkrankungen (T2, Z.229–230).
B16) Personalbedarf im ATZ	Multiprofessionalität/Interdisziplinarität ist wünschenswert (T4, Z.291; T3, Z.210; T2, Z.313–314), Psycholog:innen/Psychotherapeut:innen/Psychiater:innen sind wünschenswert (T5, Z.222; T4, Z.301–304; T3, Z.216–217; T2, Z.324–326; T1, Z.234–235), verschiedenste Fachkompetenzen sind erforderlich (T4, Z.293; T3, Z.214–217; T2, Z.262–269; T1, Z.235–238).
B17) Allgemeiner Verbesserungsvorschläge	Sensibilisierung für Psychotherapeut:innen (T5, Z.192), Sensibilisierung für Ärzt:innen (T5, Z.196, Z.191), Sensibilisierung für Hausärzt:innen (T5, Z.195), Sensibilisierung für Psycholog:innen (T5, Z.191), mehr Wissen bei Kostentragenden (T2, Z.222–223), Kostentragende sollen Komorbiditäten berücksichtigen (T2, Z.240–241), Verknüpfung von Leistungen (T2, Z.235–254), mehr Aufklärung über ASS in Zusammenhang mit Komorbiditäten (T1, Z.187, 191).
B18) Verbesserungsvorschläge für die Berufsausbildung	Mehr Inhalte zu ASS und psychischen Erkrankungen (T5, Z.206–207; T4, Z.223; T3, Z.189), mehr Fokus auf Autismus-Therapie (T4, Z.262–263; T1, Z.208); Kontakt zu ASS vor Einstellung im ATZ (T2, Z.257–259, Z.283–285).
B19) Verbesserungsvorschläge für Vernetzungsarbeit	Mehr Netzwerkarbeit/Kooperation (T5, Z.215; T3, Z.174), mehr Bewilligung von Netzwerkgesprächen (T5, Z.216), mehr Kontakt zu Psychiatrien (T4, Z.279), mehr Kontakt zu Beratungsstellen (T4, Z.286), Kontakte über Hochschulen (T3, Z.184), mehr Kontakt zu psychiatrischen Praxen (T3, Z.185), Unterstützung der Kooperation durch Kostentragende (T2, Z.293–294), mehr Austausch zwischen Autismus-Therapie und Alltagsunterstützung (T1, Z.225–229), mehr Austausch mit externen Angeboten insgesamt (T1, Z.228–229).

(Fortsetzung)

Tab. 4.6 (Fortsetzung)

Kategorie	Inhalt und Belege
B20) Genannte Auffälligkeiten, ohne Kategoriezuordnung	Psycholog:in im Team ist erste Anlaufstelle (T4, Z.308–309), Appell: eigene Arbeit mehr reflektieren (T4, Z.321–326), mehr Bewusstsein für psychische Erkrankungen durch das Interview (T4, Z.318–319), Ansprüche an Autismus-Therapeut:innen: Wissen über Gesetze, Kostentragende, Jugendamt, Pädagogik, Schulsystem, Psychologie (T2, Z.262–265).

Zusammenfassung der Ergebnisse

Insgesamt zeigt sich eine große Vielfalt der Ergebnisse der durchgeführten Interviews. Allein bei den Klient:innen mit ASS ließen sich die Ergebnisse in 12 definierte und eine Rest-Kategorie einordnen.[1]

Grund für die Initiierung einer Autismus-Therapie war oftmals der Wunsch, zu erlernen, mit Autismus und den daraus resultierenden Schwierigkeiten besser umzugehen. Dies ist insgesamt dem Bereich der Psychoedukation zuzuordnen. Teilweise wurde auch eine Andersartigkeit der eigenen Person oder eine abweichende Informationsverarbeitung wahrgenommen. Bezogen auf die konkrete Ausgestaltung der Autismus-Therapie konnten dann sowohl positive als auch negative Wirkfaktoren festgestellt werden. Die negativen Wirkfaktoren wurden größtenteils von den Interviewpartner:innen so benannt, lediglich der Punkt, dass anscheinend teilweise kein geeigneter Raum gesehen wurde, psychische Erkrankungen anzusprechen, wurde von der Autorin als negativer Faktor interpretiert. Die Klient:innen mit ASS benannten als negative Punkte, dass psychische Erkrankungen in der Autismus-Therapie nicht bearbeitet werden dürfen sowie ein allgemeines Abblocken bei akutem Gesprächsbedarf. Als positiv wurde eine gewohnte Struktur mit festen Ritualen und bspw. Entspannungsphasen geschätzt, genauso wie die Funktion der Autismus-Therapeut:innen als Gesprächspartner:in. Geschätzt wurde außerdem eine grundlegende Offenheit, die Orientierung an aktuellen Bedarfen der Klient:innen ohne strikt an vorbereiteten Themen festzuhalten und die allgemeine Berücksichtigung der komorbiden Erkrankung in der Autismus-Therapie. Auch wurde die Autismus-Therapie als positiver Einfluss auf die komorbiden psychischen Erkrankungen bezeichnet, bspw. durch die

[1] Da bereits alle Ergebnisse mit Zeilenangaben aufgeführt wurden, wird im Verlauf Zusammenfassung und Interpretation auf explizite Zeilenangaben der Interviews verzichtet. Ausnahmen bilden Aussagen, welche sich keiner Kategorie haben zuordnen lassen.

gegebene Entlastungsmöglichkeit. So wird die Autismus-Therapie von einer Person als mindernd auf das Risiko eines Rezidivs der Depression eingeschätzt und scheint sich positiv auf Angstsymptomatik auszuwirken.

Weiterhin konnten Wünsche an die Autismus-Therapie festgehalten werden. Diese sollte bspw. Hilfe für die Bewältigung des Alltags darstellen, was auch ein zuvor genannter Punkt für die Aufnahme einer Autismus-Therapie darstellt. Überdies wurde die Idee entwickelt, dass die Autismus-Therapie die Möglichkeit geben sollte, Veränderung an sich selbst wahrzunehmen. Als Beispiel wurde hierzu angegeben, dass Menschen mit Autismus unter Umständen eine veränderte Wahrnehmung des eigenen Körpers haben und somit Unterstützung benötigen können, eine klinisch relevante Symptomatik zu erkennen. Screenings, welche auch in der Autismus-Therapie eingesetzt werden dürfen, könnten hierbei eine objektive Möglichkeit darstellen, Symptome zu erfassen und frühzeitige Hilfsmöglichkeiten einzuleiten. Die Wünsche, welche sich an die Autismus-Therapeut:innen richten, konnten nicht klar von bereits positiv erlebtem Verhalten abgegrenzt werden, wodurch sich die Zusammenfassung in dieser Kategorie ergab. Hierunter fiel dann sowohl Fachwissen der Autismus-Therapeut:innen für ASS als auch für psychische Erkrankungen und Diagnostik, Verständnis für negative Stimmung oder das Nicht-Gelingen von Interventionen. Weiterhin wurden Autismus-Therapeut:innen aus Sicht der befragten Klient:innen für Flexibilität, eine ganzheitliche Sichtweise auf das Individuum, Offenheit (auch für Trans-Identitäten), Lösungsorientierung und eine positive, wertschätzende Grundhaltung geschätzt. Dabei war es den befragten Personen wichtig, ernst genommen und als autistische Person mit entsprechender Denkweise und Verhalten respektiert zu werden, um Unterstützung beim Selbst-Verstehen zu erhalten.

Wünsche zur Verbesserung der allgemeinen Situation von Menschen mit ASS und psychischer Erkrankung bestanden darin, insgesamt mehr Wissen über ASS bei Ärzt:innen und Therapeut:innen zu schaffen. Zudem wurde sich mehr Forschung im Bereich ASS bei Frauen, Kooperation zwischen Autismus-Therapie und Psychotherapie gewünscht sowie im Abbau von Hindernissen im Zugang zu Hilfesystemen. Gesamtgesellschaftlich ergab sich der Wunsch nach mehr Offenheit und im Abbau von Stigmatisierung.

Die befragten Menschen mit ASS wünschten sich insgesamt eine Berücksichtigung ihrer psychischen Komorbidität in der Autismus-Therapie. Sie sahen einen starken bis sehr starken Zusammenhang von ASS und psychischer Erkrankung aufeinander und konnten weiterhin vielfältige Beispiele nennen, inwieweit Autismus und psychische Krankheit aufeinander wirken. So wurde häufig angegeben, dass sich die psychischen Erkrankungen vermutlich auf der Grundlage der ASS entwickelt haben, also dass durch Autismus eine gesteigerte Vulnerabilität bestünde, ASS aber auch die Symptomatik der psychischen Erkrankung verstärkt und umgekehrt. Weiterhin scheint die ASS die Anwendung von therapeutischen Interventionen der Psychotherapie zu erschweren, andererseits werden Therapieerfolge der Autismus-Therapie durch Krisen der psychischen Erkrankung wieder zerstört. Die befragten Menschen mit ASS sahen es grundsätzlich als nicht möglich an, die Therapiethemen, welche sich aus der Autismus-Spektrum-Störung ergeben und die Bedarfe, welche aus der psychischen Erkrankung resultieren, zu trennen. Dies spiegelt sich ebenso in den genannten Themen der verschiedenen Therapien (Autismus-Therapie und Psychotherapie) wieder: Emotionen, (Sozial)-Verhalten, Reflexion des Alltagsgeschehens, Motivationsarbeit, soziale Kommunikation, Alltagsbewältigung, Selbstwert und Beziehung sind Aspekte, welche bezogen auf beide Therapiearten genannt wurden.

Insgesamt zeigt sich, dass die befragten Klient:innen mit ASS sich auch mit ihren psychischen Komorbiditäten grundsätzlich gut in der Autismus-Therapie aufgehoben fühlen. Sie sehen eine Berücksichtigung ihrer Bedarfe und profitieren insgesamt von der Gesprächs- und Unterstützungsmöglichkeit. Trotzdem gibt es einige Verbesserungsvorschläge. So wird sich teilweise eine intensivere Berücksichtigung der Komorbidität in der Therapie gewünscht, z. B. dadurch, dass Autismus-Therapeut:innen auch bezogen auf psychische Erkrankung Kenntnis über Diagnostik, Diagnosen und Methoden mitbringen und diese auch in die Autismus-Therapie einbringen dürfen.

Die Inhalte der Interviews mit Autismus-Therapeut:innen ließen sich in 19 Kategorien, zuzüglich einer Rest-Kategorie einordnen. In diesen ließ sich zunächst der Erfahrungshintergrund der befragten Personen festhalten: Alle Autismus-Therapeut:innen gaben an, bereits vor ihrer Anstellung im ATZ in verschiedenen Kontexten des Sozial- oder Bildungswesens gearbeitet zu haben und in diesem Zusammenhang bereits Zugang zu Menschen mit ASS, insbesondere Kindern, erhalten zu haben. Bei einigen entwickelte sich daraus der konkrete Wunsch, in der Autismus-Therapie zu arbeiten. Weiterhin habe alle befragten Autismus-Therapeut:innen Erfahrungen mit Menschen mit Autismus und psychischen Erkrankungen während ihrer Tätigkeit im ATZ machen können. Der Anteil der erwachsenen Klient:innen mit komorbiden Erkrankungen wurde dabei auf rund 30 bis 100 % geschätzt. Die diesbezüglich häufigsten Diagnosen waren Depression und ADHS, überdies wurden beispielsweise Angststörungen inklusive spezifischer Phobien oder Essstörungen und Schizophrenie als Diagnosen genannt.

Die Bedarfe von Menschen mit ASS und komorbiden psychischen Erkrankungen wurden als mannigfaltig beschrieben. Grundsätzlich wurde aber auch betont, dass es häufig viele, parallele Bedarfe gibt. Zu den genannten Bedarfen zählen bspw. die Priorisierung von Themen und die Formulierung von Zielen, an denen in der Autismus-Therapie gearbeitet werden kann, die Schaffung von Strukturen, Entlastungsgespräche, Emotionen, Alltagsbewältigung sowie Arbeit und Freizeitgestaltung. Außerdem wurde vielfach die Relevanz von Psychoedukation sowohl für ASS als auch für die psychische Erkrankung genannt. Bezogen auf die psychische Erkrankung wurden als Themen weiterhin die Berücksichtigung eben dieser, die Abgrenzung von Symptomen und die für Depression typischen Themen wie Antrieb, Stimmung und Lustlosigkeit genannt. Mehrfach wurde dabei betont, dass eine Abgrenzung zwischen den Bedarfen, welche aus der ASS und den Bedarfen, welche aus der psychischen Erkrankung resultieren, nicht möglich sei. Diese seien sich zu ähnlich. Teilweise bestünde jedoch bei den Klient:innen ein Bedarf an dieser Abgrenzung.

Auf den Umgang mit psychischen Erkrankungen in der Autismus-Therapie sahen sich die befragten Autismus-Therapeut:innen insgesamt eher mangelhaft vorbereitet. Zwar gab es in absolvierten Studiengängen der verschiedenen Berufsgruppen meist Veranstaltungen zu den Themen Autismus und psychische Erkrankungen, diese wurden jedoch als oberflächlich empfunden und eine Verknüpfung der beiden Themenbereiche fand nicht statt. Teilweise wurde von den befragten Personen versucht, fehlendes Wissen durch eigene Recherchen auszugleichen. Fortbildungsmöglichkeiten zu diesem Themenbereich wurden zum großen Teil nicht genutzt, diesbezüglich wurde jedoch auch das Angebot von Fortbildungen bemängelt. Weiterhin wurde angegeben, dass auch in spezifischen Ausbildungen, also in der Ausbildung zur Psychotherapeut:in oder in der Weiterbildung zur Autismus-Therapeut:in die Bereiche ASS und psychische Erkrankung nicht bearbeitet bzw. miteinander in Verbindung gebracht wurden. Insgesamt wurde jedoch auch geäußert, dass eine Interdisziplinarität oder Multiprofessionalität im ATZ von Vorteil ist, um die verschiedensten Fachkompetenzen miteinander kombinieren zu können.

Die Bedarfe in der Berücksichtigung der psychischen Erkrankung in der Autismus-Therapie und die teilweise mangelhafte Ausbildung der Autismus-Therapeut:innen in diesem Bereich kann sich in negativen Faktoren niederschlagen, welche auf die Autismus-Therapie Einfluss nehmen. Insgesamt fehle es an Wissen, um auf alle psychischen Erkrankungen eingehen zu können. Dies kann zu Unsicherheit und Frustration sowohl bei den Autismus-Therapeut:innen, als auch bei den Klient:innen führen, wenn diese ausbleibenden Fortschritt in der Autismus-Therapie wahrnehmen. Überdies wurde angegeben, dass es durch die psychische Erkrankung einigen Klient:innen an Ressourcen mangele, sich auf die Autismus-Therapie einlassen zu können. Kritisch angemerkt wurde außerdem, dass die Autismus-Therapie grundsätzlich ein pädagogischer Ansatz ist und fraglich ist, inwieweit unter dieser Perspektive überhaupt ein therapeutisches Angebot für die Berücksichtigung von komorbiden psychischen Erkrankungen sinnvoll sein kann.

Konzeptionell wurden psychische Erkrankungen bei Autismus in den beiden ATZ bis dato nicht berücksichtigt. Konkrete Fragen bzgl. psychischer Erkrankungen in Erstgesprächen waren nicht vorgesehen, eher mussten die potentiellen Klient:innen hier eigeninitiativ auf komorbide Erkrankungen hinweisen trotz der Einschätzung, dass psychische Erkrankungen großen Einfluss auf die Autismus-Therapie nehmen können. Weiterhin gab es keine konkreten Leitlinien, wie mit psychiatrisch-psychotherapeutischen Fragen umzugehen ist. Als erste Schritte wurde genannt, das Gespräch mit dem Team, insbesondere der Psychotherapeut:in, und/oder der Leitung zu suchen, selbst diesbezüglich zu recherchieren, den Kontakt mit Kooperationspartner:innen und Rücksprache mit den betroffenen Klient:innen zu halten. Es könne dann auch zu einer Weiterverweisung kommen, da es als kritisch angesehen wurde, das eigene „Halbwissen" zu teilen. Ein direkter Ausschluss aufgrund einer psychischen Erkrankung erfolgte laut der befragten ATZ bis dato nicht, höchstens die deutliche Empfehlung zur Aufnahme eines anderen Therapieangebotes. Ein Ausschluss sei aber grundsätzlich möglich, bspw. falls die ASS oder die Autismus-Therapie nicht im Vordergrund stünde und Förderziele somit nicht erreicht werden könnten. Insgesamt hänge dies eher von der Mitarbeit der entsprechenden Klient:innen ab. Ein Abbruch erfolge dann eher aufgrund fehlender Bereitschaft zum Mitwirken in der Autismus-Therapie. Weiterhin sei ein Ausschluss denkbar, falls die Kompetenzen der Autismus-Therapeut:innen überstiegen werden oder dies im Rahmen der Optimierung der Hilfen als sinnvoll erscheint.

Insgesamt ließ sich eine Vielzahl an geäußerten Möglichkeiten zur Verbesserung der therapeutischen Unterstützung von Menschen mit ASS und komorbider psychischer Erkrankung feststellen. Zunächst wurde eine Verbesserung der jeweiligen Berufsausbildungen, also Studiengänge, als sinnvoll erachtet. Es wurden sich mehr Inhalte zu ASS und psychischen Erkrankungen gewünscht, sowie die Möglichkeit, den Fokus auf Inhalte der Autismus-Therapie zu legen. Ebenfalls wurde angemerkt, dass es wünschenswert sei, vor einer Einstellung im ATZ Kontakt zu Menschen mit ASS gehabt zu haben. Weiterhin wurde sich ein Ausbau der Netzwerkarbeit gewünscht, bspw. durch eine vermehrte Bewilligung von Netzwerkgesprächen durch die jeweiligen Kostentragenden, Kontakte zu Beratungsstellen, Psychiatrien, psychiatrischen Praxen oder Austausch mit Dienstleistungsunternehmen in der Alltagsunterstützung bzw. externen Angeboten der Unterstützung insgesamt. Auch eine Vernetzung über Hochschulen wurde angeregt. Weiterhin wurden als unspezifische Verbesserungswünsche die Sensibilisierung für Psychotherapeut:innen, (Haus-)Ärzt:innen und Psycholog:innen benannt. Kostentragende der Autismus-Therapie sollten mehr mit Kostentragenden im Gesundheitswesen kooperieren und Komorbiditäten in der Finanzierung der Autismus-Therapie berücksichtigen, bspw. durch eine Verknüpfung von Leistungen. Insgesamt solle mehr Aufklärung über ASS in Zusammenhang mit Komorbiditäten erfolgen.

Als Bedarfe zur Erweiterung ihrer Kompetenzen sahen die Autismus-Therapeut:innen mehr Erfahrungen im psychiatrischen Bereich, Wissen über komorbide Erkrankungen und feste Ansprechpartner:innen für psychiatrisch-psychotherapeutische Fragen. Ein Großteil sah den Bedarf an vermehrten Fortbildungsangeboten. Auch wurde sich zur Vorbereitung eine verbesserte Einarbeitung gewünscht. Zwei Personen sahen deutlichen Bedarf an einer klaren Linie für den Umgang mit psychiatrisch-psychotherapeutischen Fragen und Herausforderungen.

4.4 Interpretation der Ergebnisse

Im Vergleich der Interviewergebnisse lassen sich einige Auffälligkeiten bezüglich der Einschätzungen von Klient:innen und Autismus-Therapeut:innen festhalten. Zunächst stimmen beide Gruppen in ihren Einschätzungen überein, dass sich autismus-spezifische Bedarfe und Bedarfe, welche aus der psychischen Erkrankung resultieren, nicht strikt trennen lassen. Dabei nannten Klient:innen und Autismus-Therapeut:innen übereinstimmend folgende Themen in der Autismus-Therapie: a) Biografiearbeit, b) Alltagsbewältigung, c) Emotionen, d) Handlungsabläufe (erlernen/trainieren), e) Priorisierung/Ziele finden, f) Strukturen schaffen (im Haushalt), g) Psychoedukation für ASS, h) Komorbidität: allgemeine Berücksichtigung und Psychoedukation, i) Motivation bzw. Stimmung und Antrieb, j) Selbstakzeptanz, k) Reflexion konkreter Situationen oder Probleme bzw. Entlastung, l) Arbeit/Beruf und m) Kommunikationsförderung. Sowohl Symptome als auch Ziele und Themen in der Therapie zeigen laut beider befragten Gruppen eine große Schnittmenge. Die Feststellung, dass sich Bedarfe bzgl. ASS und psychischer Erkrankung nicht strikt trennen lassen stimmt auch mit den Angaben der Klient:innen bzgl. bearbeiteter Themen in Autismus-Therapie und Psychotherapie überein, hier wurde auf beide Bereiche bezogen die Themen Sozialverhalten, Alltagsbewältigung, Reflexion des Alltagsgeschehens, Motivationsarbeit, Emotionen, soziale Kommunikation, Selbstwert und Behandlung der komorbiden Erkrankung (in der Autismus-Therapie über die Psychoedukation) genannt. Vermutlich lässt sich im weitesten Sinne auch eine Übereinstimmung in den Themenbereichen Konflikte und Mobbing finden.

Kritisch zu hinterfragen ist die seitens der Autismus-Therapeut:innen angegebene Möglichkeit, Klient:innen aufgrund mangelnder Bereitschaft zur Mitarbeit von der Autismus-Therapie auszuschließen. Zu den in Abschnitt 2.4.1 dargestellten Symptomen einer Depression zählen unter anderem eine gedrückte Stimmung, Interessenverlust, Erschöpfungszustände und Antriebsminderung. Unter Umständen ist es den Klient:innen während einer depressiven Episode dann nicht möglich, sich wie erwartet in die Autismus-Therapie einzubringen, was, laut der Ergebnisse der Interviews, zu einem Ausschluss führen könnte. Dem gegenüber steht der Einwand, dass eine Autismus-Therapie unter Umständen die einzige Unterstützungsmaßnahme von Menschen mit ASS darstellt (K4, Z. 234). Dies macht deutlich, dass folgende vier Punkte an dieser Stelle besondere Relevanz haben: 1. Der Aufbau eines unterstützenden Netzwerks mit Ansprechpartnern für Menschen mit ASS und komorbider psychischer Erkrankung, 2. Die Erarbeitung einer transparenten Handlungsleitlinie über Ausschluss von der Autismus-Therapie mit Berücksichtigung der Frage, ob ein Ausschluss auch dann erfolgt, wenn aufgrund einer psychischen Erkrankung nicht wie erwartet in der Autismus-Therapie mitgearbeitet werden kann, 3. Die Vermittlung von Wissen über psychische Erkrankung und deren möglicher Einfluss auf die Autismus-Therapie für Autismus-Therapeut:innen und 4. Der interdisziplinäre Austausch aller beteiligten Personen (unter Berücksichtigung von Datenschutz und Schweigepflicht), um ein ganzheitliches und umfassendes Förderkonzept zu erarbeiten und alle relevanten Faktoren in allen beteiligten Bereichen berücksichtigen zu können.

Insgesamt werden die eigenen Kompetenzen von den Autismus-Therapeut:innen bezüglich der Berücksichtigung psychischer Erkrankungen als mangelhaft angesehen. Sie sehen sich durch Ausbildung und Fortbildung insgesamt zu wenig auf den Umgang mit psychischen Erkrankungen vorbereitet. Dies rückt einen zentralen Problembereich der Autismus-Therapie in das Blickfeld: ein grundsätzlich pädagogischer Ansatz sieht sich mit psychiatrischen und psychotherapeutischen Fragestellungen konfrontiert. Und dieser Problembereich stellt eher die Regel als die Ausnahme dar, denn wie unter 2.4 erläutert, liegen bei rund 50–100 % der Erwachsenen mit ASS Symptome mindestens einer weiteren psychischen Erkrankung vor. Autismus-Therapeut:innen werden den eigenen Angaben zufolge weder durch die Berufsausbildung noch durch die spezifischen Aus- und Weiterbildungen zur Autismus-Therapeut:in oder Psychotherapeut:in auf den Umgang mit psychischen Erkrankungen bei ASS vorbereitet. Trotzdem gaben alle befragten Autismus-Therapeut:innen an, in der Autismus-Therapie

Kontakt zu Menschen mit komorbider psychischer Erkrankung zu haben und die entsprechenden Bedarfe zu berücksichtigen. Es scheint also vielmehr von Berufserfahrung und den Möglichkeiten der Recherche sowie persönlichem Interesse und Engagement abzuhängen, inwieweit sich dieser Umgang zugetraut wird. Interessant sind in diesem Zusammenhang besonders die Angaben einzelner Klient:innen, sich in der Autismus-Therapie mit ihrer psychischen Erkrankung gut aufgehoben zu fühlen, in vielen Fällen sogar besser als in einer Psychotherapie. Sie schätzten den Umgang der jeweiligen Autismus-Therapeut:innen mit der psychischen Erkrankung, die Offenheit, Flexibilität und ganzheitliche Sichtweise auf sich selbst als Individuum. Nichtsdestotrotz war vielen befragten Klient:innen mit ASS bewusst, dass Autismus-Therapeut:innen keine psychischen Erkrankungen behandeln dürfen. Hinsichtlich der Psychotherapie zur Behandlung eben dieser psychischen Erkrankung wurde jedoch oftmals bemängelt, dass es Psychotherapeut:innen an Wissen hinsichtlich ASS fehle. Außerdem scheinen psychotherapeutische Interventionen vielmals modifiziert werden zu müssen, um Menschen mit ASS einen Mehrwert bieten zu können (K1, Z. 115–116; K4, Z. 145–146). An dieser Stelle wird also deutlich, dass es beiden Bereichen – sowohl der Autismus-Therapie als auch der Psychotherapie – an Kompetenzen im Umgang mit ASS und psychischen Erkrankung mangelt. Es ist fraglich, inwieweit diese optimal aufgearbeitet werden können. Als positives Beispiel ist hier die befragte Person anzuführen, welche als Psychotherapeut:in im ATZ arbeitet. Diese sah sich insgesamt auf den Umgang mit ASS und komorbiden psychischen Erkrankungen gut vorbereitet. Auch die Person mit ASS, welche Autismus-Therapie bei einer Psychotherapeut:in erhalten hat (Interview K1) sah sich in diesem Setting mit all ihren Bedarfen bestmöglich aufgehoben. Insgesamt sollte an dieser Stelle festgehalten werden, dass viele Klient:innen mit ASS sich auch bei nicht-optimaler Ausbildung der Autismus-Therapeut:innen im ATZ sehr gut unterstützt fühlten.

Diese Feststellungen leiten insgesamt zur Beantwortung der eingangs gestellten erkenntnisleitenden Frage über: *Wie grenzen erwachsene Menschen mit Autismus-Spektrum-Störung und psychiatrischer Komorbidität ihre Therapieanliegen zwischen sogenannter Autismus-Therapie und Psychotherapie ab und wie sehr passt das zu Sichtweise, Möglichkeiten und Kompetenzen der Autismus-Therapie?* Diese kann auf Grundlage der Ergebnisse der Datenerhebung wie folgt beantwortet werden: Erwachsene Menschen mit Autismus-Spektrum-Störung sehen keine Möglichkeit, ihre Therapieanliegen zwischen Autismus-Therapie und Psychotherapie abzugrenzen. Grund dafür ist zum einen, dass sich viele Symptome der ASS und der psychischen Erkrankung überschneiden. Zum anderen ist es dadurch nicht möglich, dass ihrer Auffassung nach ASS die Grundlage für die Entwicklung der psychischen Erkrankung(en) darstellt. Die Unmöglichkeit, Therapieanliegen voneinander abzugrenzen spiegelt sich auch in den genannten Therapieanliegen wider, es besteht eine große Schnittmenge an Therapiethemen, welche sowohl bezüglich der Autismus-Therapie als auch der Psychotherapie genannt wurden. Dies passt zur Sichtweise der Autismus-Therapeut:innen. Die befragten Autismus-Therapeut:innen sahen ebenfalls keine oder nur eine geringe Möglichkeit, Therapieanliegen strikt der ASS oder der psychischen Erkrankung zuzuordnen und somit eine Grenze für die Autismus-Therapie ziehen zu können. In ihren Möglichkeiten und Kompetenzen, Therapieanliegen, welche auch die Komorbidität betreffen, zu berücksichtigen, ist die Autismus-Therapie jedoch eingeschränkt. Die jeweiligen Berufsausbildungen der Autismus-Therapeut:innen behandeln nur rudimentär die Bereiche Autismus und psychische Erkrankung. Auch gibt es bis dato keine verpflichtende Ausbildung zur Autismus-Therapeut:in, in welcher dieser Themenbereich aufgegriffen werden könnte, sodass dies in erster Linie von den selbst erarbeiteten Kompetenzen der Autismus-Therapeut:innen abhängt. Außerdem existieren weder in den Konzepten der beiden befragten ATZ, noch in den Leitlinien des Bundesverbandes konkrete Empfehlungen, wie Komorbiditäten in der Autismus-Therapie zu berücksichtigen sind und inwiefern diesbezügliche Fragen zu klären sind. Somit lässt sich zwar eine Übereinstimmung der Sichtweise zwischen Klient:innen und Autismus-Therapie feststellen, allerdings mangelt es der Autismus-Therapie an Möglichkeiten, psychiatrisch-psychotherapeutische Therapieanliegen umfassend aufzugreifen. Es bestätigt sich also folgende eingangs aufgestellte Hypothese: 1): Betroffene wünschen eine Berücksichtigung der psychischen Erkrankung in der Autismus-Therapie, eine Abgrenzung ist nur bedingt möglich. Von den Hypothesen 1a): Dies stimmt mit der Sicht und Kompetenz der Autismus-Therapeut:innen überein und 1b): Dies stimmt nicht mit der Sicht und Kompetenz der Autismus-Therapeut:innen überein, trifft keine vollkommen zu: Zwar stimmt die Sichtweise der Autismus-Therapeut:innen mit der der Klient:innen überein, jedoch nicht in allen Fällen die Kompetenz zur Berücksichtigung der Bedarfe. Die Hypothesen 2): Betroffene wünschen sich keine Berücksichtigung ihrer psychischen Erkrankung in der Autismus-Therapie, eine Abgrenzung ist möglich, 2a): Dies stimmt mit der Sicht und Kompetenz der Autismus-Therapeut:innen überein, 2b): Dies stimmt nicht mit der Sicht und Kompetenz der Autismus-Therapeut:innen überein trafen allesamt nicht zu.

4.5 Übereinstimmungen mit theoretischem Kontext

Insgesamt zeigen sich drei auffallende Übereinstimmungen mit den in Teil I dargestellten, literaturbasierten Fakten. Zunächst bestehen große Überschneidungen zwischen den in 2.4 und den dazugehörigen Unterkapiteln vorgestellten häufigen Komorbiditäten bei ASS. Eingehender wurden an dieser Stelle die affektiven Störungen (z. B. Depression und bipolare Störung), die Angsterkrankungen mit spezifischen Phobien, Zwangsstörungen, ADHS und Tic-Störungen beschrieben. Weitere psychische Erkrankungen wie Schizophrenie, Essstörungen, somatoforme Störungen etc. wurden lediglich kurz benannt. Dies deckt sich insgesamt mit den Diagnosen, welche bei den befragten Personen mit ASS als Komorbiditäten vorlagen. Bei diesen lag in sieben von sieben Fällen eine Erkrankung aus dem Bereich der affektiven Störungen vor, in fünf von sieben Fällen eine oder mehrere Diagnosen aus dem Bereich der Angsterkrankungen. Bei drei Personen lag ADHS vor, bei drei Personen eine Persönlichkeitsstörung, sowie je einmal eine Essstörung, Posttraumatische Belastungsstörung, Schlafstörung, somatoforme Störung und eine affektive Psychose. Die am häufigsten diagnostizierten Komorbiditäten waren auch jeweils die, welche in der Literatur häufig bei ASS auftretend beschrieben wurden. Fraglich ist hierbei, ob die als Komorbiditäten angegebenen Diagnosen nach Feststellung der Autismus-Diagnose erneut überprüft wurden. Wie in 2.4 erläutert, existieren bei vielen psychiatrischen Komorbiditäten ähnliche Symptome wie bei ASS, sodass die Aufführung von verschiedenen Erkrankungen obsolet ist, da die Symptomatik bereits in der ASS berücksichtigt wird.

Eine weitere Übereinstimmung ist, dass die unter 3.1 in den Leitlinien für die Autismus-Therapie geforderte Orientierung an Bedarfen und der ganzheitliche Blick für die Klient:innen bei den befragten Autismus-Therapeut:innen gegeben scheint. In nahezu allen Interviews wurde angegeben, dass versucht wird, individuell auf die Klient:innen und deren aktuelle Bedarfe zu schauen, was somit dem geforderten Vorgehen der Leitlinien entspricht. Bezüglich der Leitlinien ergibt sich demnach auch die dritte Übereinstimmung, nämlich, dass in diesen kein Vorgehen für den Umgang mit psychischen Erkrankungen vorgeschlagen wird und auch in den befragten ATZ keine Handlungsempfehlungen für den Umgang mit komorbiden Erkrankungen existieren. Weiterhin besteht keine Berücksichtigung dieser Personengruppe in den jeweiligen Konzepten, diese Berücksichtigung wird auch nicht in den Leitlinien von *autismus Deutschland e. V.* gefordert. Dies ist zwar insgesamt keine optimale Situation für Klient:innen und Autismus-Therapeut:innen, entspricht jedoch dem erarbeiteten und in dieser Arbeit dargestelltem theoretischen Hintergrund.

4.6 Resultierende Empfehlungen

Aus den Ergebnissen der durchgeführten Interviews ließen sich neben den für die Beantwortung der erkenntnisleitenden Frage erforderlichen Informationen einige Problemfelder der therapeutischen Unterstützung für Klient:innen mit ASS und komorbiden psychischen Erkrankung erschließen. Diese sollen abschließend kurz umrissen werden, um darauf basierend Empfehlungen zur Verbesserung der Situation von Menschen mit ASS und psychischer Erkrankung zu formulieren.

Zunächst ist hier festzuhalten, dass in den Konzepten der befragten ATZ Menschen mit komorbider psychischer Erkrankung nicht berücksichtigt werden. Dies kann zu Unklarheiten in der Erfassung von psychischen Erkrankungen bei Aufnahme oder bspw. einem Ausschluss aufgrund der psychischen Erkrankung im Verlauf führen. Weiterhin kann so keine transparente, nachvollziehbare Abgrenzung stattfinden, wo die Autismus-Therapie ihre Zuständigkeit und auch ihre Grenzen sieht. Zu empfehlen wäre an dieser Stelle, den Umgang mit psychiatrischen Komorbiditäten in die jeweiligen Konzepte aufzunehmen. Dies kann zum einen für bessere Nachvollziehbarkeit von etwaigen Konsequenzen bei den Klient:innen führen, zum anderen zu mehr Sicherheit in der eigenen Rolle für die Autismus-Therapeut:innen. Angeregt wurde seitens der Autismus-Therapeut:innen weiterhin, einen konkreten Handlungsplan für den Umgang mit psychischen Erkrankungen oder der Abklärung psychiatrisch-psychotherapeutischer Fragen zu etablieren. Hierbei besteht die Möglichkeit, dies den jeweiligen ATZ zu überlassen, um die eigenen Kompetenzen und Arbeitskultur in diesen einbringen zu können. Eine andere Möglichkeit ist es, den Appell zur Erstellung des Plans an den Bundesverband *autismus Deutschland e. V.* zu richten, um ihn in die Leitlinien für die Arbeit in ATZ zu integrieren. Aufgrund der geführten Interviews ergibt sich die Empfehlung, folgende Punkte in den Handlungsplan einzubringen: a) Sensibilisierung für das Auftreten von psychischen Erkrankungen bei ASS, b) Erfragen von psychischen Erkrankungen im Erstgespräch, c) Erfragen und regelmäßige Evaluierung der Bedarfe, d) Berücksichtigung des Einflusses von ASS und psychischer Erkrankung aufeinander, e) regelmäßiges Ansprechen der psychischen Erkrankung um zu signalisieren, dass diese unter der ganzheitlichen Perspektive auch Raum in der Autismus-Therapie haben darf, f) Erarbeitung eines Netzwerkes für die Person mit ASS, g) Eingehen von Kooperationen zur Unterstützung bei psychischer Erkrankung von Klient:innen.

Von den Autismus-Therapeut:innen wurde angegeben, in ihren jeweiligen Berufsausbildungen nur wenig auf die Arbeit in der Autismus-Therapie oder den Umgang mit ASS und psychischen Erkrankungen vorbereitet worden zu sein.

Weiterhin mangele es an entsprechenden Fortbildungsangeboten, sodass in der Regel auch keine dementsprechenden Angebote genutzt wurden. Dies kann zu mangelndem Wissen im Umgang mit ASS und psychischen Erkrankungen führen, was, wie auch in einem Fall angesprochen wurde, unter Umständen Frustration bei den Autismus-Therapeut:innen führen kann. Hieraus ergibt sich die Empfehlung, zum einen mehr Inhalte in die Studiengänge einzubringen, welche auf eine Tätigkeit in der Autismus-Therapie vorbereiten sollen. Zum anderen sollte das Fortbildungsangebot zu diesem Thema weiter ausgebaut werden. Zu diskutieren ist an dieser Stelle auch, ob eine standardisierte, verpflichtende Ausbildung für Autismus-Therapeut:innen im Anschluss an ein grundständiges Studium dieser Problematik Abhilfe schaffen könnte. In dieser könnte curricular der Umgang mit psychischen Erkrankung in der Autismus-Therapie berücksichtigt werden und die Ausbildung somit sicherstellen, angehende Autismus-Therapeut:innen darauf vorzubereiten. Unterstützend für den Umgang mit psychischen Erkrankungen in der Autismus-Therapie könnten auch konkrete Ansprechpartner:innen wirken, wie sie in einem Interview mit einer Psychotherapeut:in im Team auch als Ressource benannt wurde. Dies könnte zum einen über feste Kooperationen zwischen ATZ und psychiatrischen/psychotherapeutischen Einrichtungen geschehen oder zumindest einen interdisziplinären Austausch mit den behandelnden Psychotherapeut:innen. Zum anderen ist zu überlegen, vermehrt Psychotherapeut:innen in ATZ zu beschäftigen. Dies könnte nicht nur Bedarfe der Klient:innen abfangen, sondern unter Umständen auch die Kompetenzen der Autismus-Therapeut:innen erweitern, um die feste Möglichkeit zum fallbezogenen Austausch zu geben.

Zudem war die häufige Nennung des Gefühls des Unverständnisses für ASS von Klient:innen in der Psychotherapie auffallend. Trotz der Tatsache, dass psychische Erkrankungen in der Autismus-Therapie nicht behandelt werden können, fühlten sich viele befragte Personen mit ASS in der Autismus-Therapie wohler als in der Psychotherapie. Dies führt zu der Empfehlung, Psychotherapeut:innen für den Umgang mit ASS zu sensibilisieren und mehr Wissen über die Besonderheiten in der Psychotherapie bei ASS zu schaffen. Dies spricht auch erneut für eine Kooperationen zwischen ATZ und psychotherapeutischen Einrichtungen, welche über einen hinreichenden Wissensstand im Bereich ASS verfügen. Somit kann eine verbesserte Versorgung von Klient:innen mit ASS und psychischer Erkrankung gewährleistet werden.

Resümee

5

Inhalt der vorliegenden Arbeit war die Auseinandersetzung mit der Thematik der komorbiden psychischen Erkrankungen bei Erwachsenen mit hochfunktionalem Autismus in der Autismus-Therapie. Ziel der Arbeit war es, die Frage „*Wie grenzen erwachsene Menschen mit Autismus-Spektrum-Störung und psychiatrischer Komorbidität ihre Therapieanliegen zwischen sogenannter Autismus-Therapie und Psychotherapie ab und wie sehr passt das zu Sichtweise, Möglichkeiten und Kompetenzen der Autismus-Therapie?*“ zu beantworten.

Einleitend wurde unter Berücksichtigung der diagnostischen Kriterien, der Prävalenz und Pathogenese der Begriff Autismus bzw. Autismus-Spektrum-Störung erklärt, um anschließend auf Grundlage verschiedener Studien die häufigsten komorbiden psychischen Erkrankungen bei ASS aufzuführen. Anschließend wurde Bezug auf die Möglichkeiten der therapeutischen Unterstützung bei ASS und komorbiden psychischen Erkrankungen genommen. Zunächst wurde detailliert die Autismus-Therapie mit ihren Methoden, den Phasen der therapeutischen Arbeit und dem dort beschäftigten Personal untersucht. Diesbezüglich musste bereits festgestellt werden, dass sich ein Großteil der evaluierten Methoden in der Autismus-Therapie auf Kinder oder schwer eingeschränkte Personen mit ASS bezieht. Zudem existiert keine standardisierte Ausbildung für Autismus-Therapeut:innen. An diese Kapitel anknüpfend fand eine kurze Erläuterung der Medikation bei ASS statt, wonach eine Darstellung der Psychotherapie bei ASS mit Berücksichtigung der Besonderheiten in der Psychotherapie bei ASS erfolgte. In diesem Zusammenhang wurde deutlich die Berufsbezeichnung der Psychotherapeut:innen gegenüber der der Autismus-Therapeut:innen abgegrenzt. Zum Abschluss des Kapitels der Psychotherapie bei ASS wurde das Konzept FASTER vorgestellt.

Im Zentrum des zweiten, empirischen Teils der Arbeit stand die Darstellung der qualitativen Datenerhebung mit Hilfe von 12 Interviews, geführt

R. Frese, *Psychische Erkrankungen in der Autismus-Therapie*, Forschungsreihe der FH Münster, https://doi.org/10.1007/978-3-658-39932-0_5

sowohl mit Klient:innen mit ASS und psychischer Erkrankung als auch mit Autismus-Therapeut:innen aus zwei verschiedenen ATZ. Inhalte dieses Teils der vorliegenden Arbeit waren hierbei die kurze Erläuterung der aktuellen Situation von Menschen mit ASS und komorbiden Erkrankung in der Autismus-Therapie auf Basis der vorhandenen Literatur, Vorstellung des Forschungsdesigns und der Auswertungsmethode. Der Schwerpunkt lag im zweiten Teil auf der Darstellung der Ergebnisse der Interviews mit ausführlicher Interpretation, einem Abgleich mit dem theoretischen Kontext und aus den Ergebnissen resultierende Handlungsempfehlungen.

Das Ziel der Arbeit, die Beantwortung der eingangs gestellten Frage, konnte eingeschränkt erreicht werden. Die Auswertung der Interviews ergab, dass Menschen mit ASS ihre Therapieanliegen nicht voneinander abgrenzen können. Es existierte eine große Schnittmenge an Therapieanliegen, welche sowohl bezüglich der Autismus-Therapie als auch bezüglich der Psychotherapie genannt wurden. Die Autismus-Therapie stimmt nach Auswertung der erhobenen Daten zwar mit der Sichtweise der Klient:innen überein, jedoch mangelt es an Möglichkeiten und Kompetenzen, diese Bedarfe aufzufangen. Als Grund hierfür ließen sich zum einen fehlende Inhalte in den Berufsausbildungen feststellen, außerdem wurde nach Analyse der Literatur ersichtlich, dass es keine konkreten Empfehlungen oder Manuale für den Umgang mit psychischen Erkrankungen in der Autismus-Therapie existieren. Das Fehlen dieser wurde von den befragten Autismus-Therapeut:innen bestätigt und teilweise kritisiert. Fraglich ist hierbei natürlich, inwieweit diese Ergebnisse repräsentativ sind. Da die Datenerhebung nach qualitativen Maßstäben erfolgt ist, wurde lediglich die Einschätzung einer kleinen Gruppe von Personen untersucht. Dies gibt nicht unbedingt Rückschluss auf die Gesamtheit der Erwachsenen mit komorbiden psychischen Erkrankungen in der Autismus-Therapie. Im Rahmen eines Ausblicks ist hier anzuführen, dass es möglich wäre, in einem groß angelegten Forschungsprojekt die zugrundeliegende Fragestellung auf einen weiteren Bereich auszuweiten. Mit der dadurch erfassten Datenmenge könnten ggf. repräsentative Ergebnisse geschaffen werden. Im Rahmen einer Masterthesis war dies jedoch nicht möglich.

Durch diese Untersuchung wurde ein wichtiger Beitrag zur Forschung über die Versorgung von Menschen mit ASS und psychischer Erkrankung geleistet. Zwar gab es in der Vergangenheit verschiedene Studien über die Situation von Menschen mit ASS in der Psychotherapie, was zur Entwicklung von Manualen (bspw. FASTER) geführt hat. Allerdings waren nach Stand der Recherche zum Zeitpunkt der Anfertigung dieser Arbeit noch keine Forschungsergebnisse bekannt, in welchen Menschen mit komorbiden Erkrankungen in der Autismus-Therapie Gegenstand der Forschung waren. Überdies konnten in der Auseinandersetzung mit den Ergebnissen der Interviews weitere Erkenntnisse gewonnen werden: Es wurde deutlich, dass sich Klient:innen mit komorbiden psychischen Erkrankungen in der Autismus-Therapie besser verstanden fühlten als in der Psychotherapie. Dies ließ auf den Bedarf, Psychotherapeut:innen stärker für den Umgang mit ASS zu sensibilisieren, schließen. Trotzdem existiert weiterhin die Tatsache, dass Autismus-Therapeut:innen keine psychischen Erkrankungen behandeln können und eine alleinige Autismus-Therapie somit nicht in allen Fällen eine optimale Versorgung von Menschen mit ASS und komorbiden psychischen Erkrankungen darstellt. Autismus-Therapeut:innen bemängelten besonders die fehlende Sensibilisierung der verschiedenen Berufsgruppen, welche an der therapeutischen Versorgung von Menschen mit Autismus beteiligt sind sowie die mangelnde Unterstützung durch Kostentragende

Der nötigen Begrenzung der vorliegenden Arbeit ist die Betrachtung einer relativ eng umschriebenen Personengruppe geschuldet. Wie bereits erläutert, bezog sich die Datenerhebung im Rahmen der Klient:innen lediglich auf Erwachsenen mit hochfunktionalem Autismus. Um ein umfassenderes Bild darstellen zu können, wäre eine Adaptierung des Forschungsdesigns bezüglich Erwachsener mit ASS und psychischer Erkrankung, welche nicht im hochfunktionalen Spektrum von Autismus liegen oder bezüglich Minderjähriger, denkbar. Zukünftige Forschung könnte weiterhin überprüfen, inwieweit die Ergebnisse der vorliegenden Arbeit für die Gesamtheit der erwachsenen Menschen mit komorbiden psychischen Erkrankungen in der Autismus-Therapie repräsentativ sind. Außerdem ergibt sich die Frage, inwieweit auch die Angaben der befragten Autismus-Therapeut:innen auf die Gesamtheit der Autismus-Therapeut:innen übertragbar sind. Zudem scheint es von Bedeutung zu sein, die Stärken der Autismus-Therapie zu fördern und zur Sicherstellung einer qualitativ hochwertigen Arbeit die Aufgaben sowie den Arbeitsbereich zu begrenzen. Der bereits mehrfach angesprochene Handlungsplan zum Umgang mit psychischen Erkrankungen bei ASS könnte hierzu einen wichtigen Beitrag leisten, müsste aber ebenso noch mit Hilfe belastbarer Forschungsergebnisse entwickelt und evaluiert werden.

Kritisch kann betrachtet werden, dass die Beantwortung der erkenntnisleitenden Frage lediglich aus der Perspektive der Personen erfolgte, welche in Autismus-Therapie befanden. Nicht alle besuchten zu diesem Zeitpunkt auch eine Psychotherapie, teilweise lag diese einige Jahre zurück. Es ist denkbar, dass hierdurch eine Verzerrung der Einschätzung der Therapieanliegen vorlag. Optimal wäre es gewesen, die Rekrutierung der Interviewteilnehmer:innen zu gleichem Anteil auch auf Personen mit ASS auszuweiten, welche sich zum Zeitpunkt der Befragung in Psychotherapie befanden und bei welchen die Autismus-Therapie bereits längere Zeit zurück lag bzw. auch Personen zu befragen, bei welchen beide Therapiemaßnahmen bereits in der Vergangenheit liegen. Gegebenenfalls wären hier andere Therapieanliegen genannt worden, wodurch auch die Antwort auf die erkenntnisleitende Frage verändert worden wäre.

Trotz der Begrenzung der Arbeit und der kritischen Punkte lässt sich insgesamt festhalten, dass wertvolle Ergebnisse erzielt werden konnten. Diese können, bspw. über die erfassten Kategorien, eine Grundlage für weitere, auch quantitative Forschung, bieten. Zudem ist zu erwarten, dass sich das Bild der Klient:innen in der Autismus-Therapie in Zukunft weiter so verändern wird, dass immer mehr Erwachsene diese besuchen. Diese Entwicklung kündigt sich bereits seit einigen Jahren an, außerdem ist auch eine Zunahme an der Diagnosestellung psychischer Erkrankungen zu verzeichnen. Dieser Ausblick unterstreicht die Relevanz, die beschriebene Personengruppe zum Gegenstand der Forschung zu machen, um eine optimale Versorgung zu gewährleisten. Im Bereich der Optimierung der Psychotherapie bei ASS ist dies bereits der Fall, Studien haben bspw. die Erwartungen an eine Psychotherapie von Menschen mit ASS untersucht (siehe Gawronski et al., 2009). Daran sollte sich auch die Forschung aus Perspektive der Autismus-Therapie orientieren, nicht zuletzt, um die eigenen Kompetenzen zu stärken und zu fördern.

Schlussendlich scheint die vorliegende Arbeit einen sensiblen Punkt bei Klient:innen und Autismus-Therapeut:innen berührt zu haben. Viele befragte Personen mit ASS gaben an, sich über die Möglichkeit der Mitwirkung zur Klärung der Forschungsfrage zu freuen und betonten die Relevanz der Partizipation. Eines der befragten ATZ gab an, durch die Auseinandersetzung mit der Forschungsfrage die eigene Arbeit evaluieren und das Konzept der Einrichtung neu überarbeiten zu wollen. Es ist zu hoffen, dass eine positive Entwicklung zur Verbesserung der Situation von Erwachsenen mit komorbiden psychischen Erkrankungen in der Autismus-Therapie hiermit erst ihren Anfang nimmt und eine Sensibilisierung für dieses Thema in einen größeren Fokus rückt.

Literaturverzeichnis

autismus Deutschland e.V. (2017). *Leitlinien für die Arbeit in Autismus-Therapie-Zentren.* Hamburg: autismus Deutschland e.V.

autismus Deutschland e.V. (2020). *Positionspapier zur „Autismus-Therapie" des Bundesverbandes autismus Deutschland e.V.* Hamburg: autismus Deutschland e.V.

Banaschewski, T., Hohmann, S., Millenet, S., Döpfner, M., Grosse, K.-P., Rösler, M., …Wilken, B. (2017). *Deutsche S3-Leitlinie Aufmerksamkeitsdefizit- /Hyperaktivitätsstörung (ADHS) im Kindes-, Jugend- und Erwachsenenalter.* www.awmf.org/leitlinien.html [Stand 31.10.2020].

Bandelow, B., Wiltink, J., Alpers, G.W., Benecke, C., Deckert, J., Eckhardt-Henn, A., …Beutel, M.E. (2014). *Deutsche S3-Leitlinie Behandlung von Angststörungen.* www.awmf.org/leitlinien.html [Stand 31.10.2020].

Bernard-Opitz, V. & Nikopoulos, C. (2017). *Lernen mit ABA und AVT* (Reihe Autismus konkret). Stuttgart: Kohlhammer.

Biscaldi, M., Paschke-Müller, M., Schaller, U. (2017). Aufbau der sozialen Kompetenz. In Noterdaeme, M., Ullrich, K., Enders, A. (Hrsg.), *Autismus-Spektrum-Störungen. Ein integratives Lehrbuch für die Praxis* (2. Auflage) (S. 307–314). Stuttgart: Kohlhammer.

Bölte, S. (2009). Historischer Abriss. In Bölte, S. (Hrsg.), *Autismus. Spektrum, Ursachen, Diagnostik, Intervention, Perspektiven* (S. 21–30). Bern: Verlag Hans Huber.

Bölte, S. (2009)². Evidenzbasierte Intervention. In Bölte, S. (Hrsg.), *Autismus. Spektrum, Ursachen, Diagnostik, Intervention, Perspektiven* (S. 221–228). Bern: Verlag Hans Huber.

DGBS e.V. & DGPPN e.V. (2019). *S3-Leitlinie zur Diagnostik und Therapie Bipolarer Störungen* (Langversion). www.awmf.org/leitlinien.html [Stand 31.10.2020].

DGPPN, BÄK, KBV, AWMF (Hrsg.) für die Leitliniengruppe Unipolare Depression (2015). *S3-Leitlinie/Nationale Versorgungs-Leitlinie Unipolare Depression – Langfassung* (2. Auflage) (Version 5.2015). Doi: https://doi.org/10.6101/AZQ/000364. www.depression.versorgungsleitlinien.de [Stand 31.10.2020].

DGPPN e.V. (Hrsg.) für die Leitliniengruppe (2019). *S3-Leitlinie Schizophrenie* (Kurzfassung) (Version). https://www.awmf.org/leitlinien/detail/ll/038-009.htm [Stand 31.10.2020]

Dresing, T. & Pehl, T. (2013). *Praxisbuch Interview, Transkription & Analyse* (5. Auflage). Marburg: ohne Verlag. www.audiotranskription.de/praxisbuch [Datum des Downloads: 16.11.2016]

R. Frese, *Psychische Erkrankungen in der Autismus-Therapie*, Forschungsreihe der FH Münster, https://doi.org/10.1007/978-3-658-39932-0

Dziobek, I. & Bölte, S. (2009). Neuropsychologie und funktionelle Bildgebung. In Bölte, S. (Hrsg.), *Autismus. Spektrum, Ursachen, Diagnostik, Intervention, Perspektiven* (S. 131–152). Bern: Verlag Hans Huber.

Ebert, D., Fangmeier, T., Lichtblau, A., Peters, J., Biscaldi-Schäfer, M., Tebartz van Elst, L. (2013). *Asperger-Autismus und hochfunktionaler Autismus bei Erwachsenen.* Göttingen: Hogrefe.

Freitag, C. M., Kitzerow, J., Medda, J. Soll, S., Cholemkery, H. (2017). *Autismus-Spektrum-Störungen.* Leitfaden Kinder- und Jugendpsychotherapie (Band 24). Göttingen: hogrefe.

Gawronski, A., Kuzmanovic, B., Georgescu, A., Kockler, H., Lehnhardt, F.-G., Schilbach, L., …Vogeley, K. (2011). Erwartungen an eine Psychotherapie von hochfunktionalen erwachsenen Personen mit einer Autismus-Spektrum-Störung. *Fortschritte der Neurologie Psychiatrie, 79:647–654.* Doi: https://doi.org/10.1055/s-0031-1281734.

Häußler, A. (2015). *Der TEACCH Ansatz zur Förderung von Menschen mit Autismus* (4., durchges. Auflage). Dortmund: BORGMANN MEDIA GmbH & Co. KG.

Häußler, A., Happel, C., Tuckermann, A., Altgassen, M., Adl-Amini, K. (2003). *SOKO Autismus.* Dortmund: verlag modernes lernen.

Helfferich, C. (2011). *Die Qualität qualitativer Daten. Manual für die Durchführung qualitativer Interviews* (4. Auflage). Wiesbaden: VS Verlag für Sozialwissenschaften.

Herbrecht, E & Bölte, B. (2009). Training sozialer Fertigkeiten. In Bölte, S. (Hrsg.), *Autismus. Spektrum, Ursachen, Diagnostik, Intervention, Perspektiven* (S. 333–344). Bern: Verlag Hans Huber.

Hofvander, B., Delorme, R., Chaste, P., Nydén, A., Wentz, E., Ståhlberg, O., …Leboyer, M. (2009). Psychiatric and psychosocial problems in adults with normal-intelligence autism spectrum disorders. *BMC Psychiatry, 9:35.* Doi: https://doi.org/10.1186/1471-244X-9-35.

Howlin, P. & Magiati, I. (2017). Autism spectrum disorder: Outcomes in adulthood. *Current Opinion in Psychiatry, 30 (2).* 69–76. Doi: https://doi.org/10.1097/YCO.0000000000000308.

Isaksson, A (2013). Autismus-Spektrum-Störungen und Zwangssyndrome. In Tebartz van Elst, L. (Hrsg.), *Das Asperger-Syndrom im Erwachsenenalter* (2. Auflage) (S. 238–244). Berlin: Medizinisch Wissenschaftliche Verlagsgesellschaft.

Jenny, B., Goetschel, P., Isenschmid, M., Steinhausen, H.-C. (2012). *KOMPASS – Zürcher Kompetenztraining für Jugendliche mit Autismus-Spektrum-Störungen.* Stuttgart: Kohlhammer.

Kamp-Becker, I. & Poustka, L. (2018). Therapieansätze der Autismus-Spektrum-Störungen – Bewährtes, Neues und Innovatives. Teil I: Störungskonzept und Implikationen für die Diagnostik und Therapie. *Persönlichkeitsstörungen, 22,* 3–12.

Kamp-Becker, I., Stroth, S., Stehr, T. (2020). Autismus-Spektrum-Störungen im Kindes- und Erwachsenenalter: Diagnose und Differentialdiagnosen. *Der Nervenarzt, 5,* 457–467. Doi: https://doi.org/10.1007/s00115-020-00901-4.

Klauck, S. (2009). Verhaltensgenetik, Molekulargenetik und Tiermodelle. In Bölte, S. (Hrsg.), *Autismus. Spektrum, Ursachen, Diagnostik, Intervention, Perspektiven* (S. 87–107). Bern: Verlag Hans Huber.

Kordon, A., Lotz-Rambaldi, W., Muche-Borowski, C., Hohagen, F. (2013). *S3-Leitlinie Zwangsstörungen.* www.awmf.org/leitlinien.html [Stand 31.10.2020].

Lamnek, S. & Krell, C. (2016). *Qualitative Sozialforschung* (6. Auflage). Weinheim: Beltz.

Lugnegard, T., Hallerböck, M. U., Gillberg, C. (2011). Psychiatric comorbidity in young adults with a clinical diagnosis of Asperger syndrome (Author's personal copy). *Research in Developmental Disabilities, 32,* 1910–1917. Doi: https://doi.org/10.1016/j.ridd.2011.03.025.

Margraf, J. & Maier, W. (Hrsg.) (2012). *PSCHYREMBEL Psychiatrie, klinische Psychologie, Psychotherapie* (2. Auflage). Berlin/Boston: De Gruyter.

Mayring, P. (2016). *Einführung in die qualitative Sozialforschung* (6. Auflage). Weinheim: Beltz

Möller, H.-J., Laux, G., Deister, A. (2013). *Psychiatrie, Psychosomatik und Psychotherapie* (5. Auflage). Stuttgart: Thieme.

Nedjat, S. (2016). Ambulante Therapie von Autismus-Spektrum-Störungen in der psychiatrisch-psychotherapeutischen Praxis. In Tebartz van Elst, L. (Hrsg.), *Das Asperger-Syndrom im Erwachsenenalter* (2. Auflage) (S. 324–330). Berlin: Medizinisch Wissenschaftliche Verlagsgesellschaft.

Noterdaeme, M. (2010). Therapie autistischer Störungen. In von Suchodoletz, W. (Hrsg.), *Therapie von Entwicklungsstörungen* (S. 153–175).

Petermann, F. & Ruhl, U. (2011). Aufmerksamkeitsdefizit-/ Hyperaktivitätsstörungen (ADHS). In Wittchen, H.-U. & Hoyer, J., *Klinische Psychologie und Psychotherapie* (2. Auflage) (S. 673–695). Berlin: Springer.

Philipsen, A. (2016). Autismus-Spektrum-Störungen und Aufmerksamkeitsdefizit-Hyperaktivitätsstörung. In Tebartz van Elst, L. (Hrsg.), *Das Asperger-Syndrom im Erwachsenenalter* (2. Auflage) (S. 207–217). Berlin: Medizinisch Wissenschaftliche Verlagsgesellschaft.

Poustka, L. & Poustka, F. (2009). Psychopharmakologie. In Bölte, S. (Hrsg.), *Autismus. Spektrum, Ursachen, Diagnostik, Intervention, Perspektiven* (S. 387–399). Bern: Verlag Hans Huber.

Preißmann, C. (2013). *Psychotherapie und Beratung bei Menschen mit Asperger-Syndrom* (3. Auflage). Stuttgart:Kohlhammer

Radtke, M. (2016). Autismus-Spektrum-Störungen und Depressionen. In Tebartz van Elst, L. (Hrsg.), *Das Asperger-Syndrom im Erwachsenenalter* (2. Auflage) (S. 193–199). Berlin: Medizinisch Wissenschaftliche Verlagsgesellschaft.

Rickert-Bolg, W. (2017). Ethische Grundlagen der Autismus-Therapie. In Rittmann, B. & Rickert-Bolg, W. (Hrsg.), *Autismus-Therapie in der Praxis* (S. 28–31). Stuttgart: Kohlhammer

Riedel, A., Biscaldi, M., Tebartz van Elst, L. (2016). Autismus-Spektrum-Störungen und ihre Bedeutung in der Erwachsenenpsychiatrie und Psychotherapie. *Zeitschrift für Psychiatrie, Psychologie und Psychotherapie, 64(4), 233–245.* Doi: https://doi.org/10.1024/1661-4747/a000285

Tebartz van Elst, L. (2016). Autismus-Spektrum-Störungen und Tic-Störungen. In Tebartz van Elst, L. (Hrsg.), *Das Asperger-Syndrom im Erwachsenenalter* (2. Auflage) (S. 207–217). Berlin: Medizinisch Wissenschaftliche Verlagsgesellschaft.

Tebartz van Elst, L., Biscaldi, M., Riedel, A. (2016). Asperger-Syndrom und Autismusbegriff: historische Entwicklung und moderne Nosologie. In Tebartz van Elst, L. (Hrsg.), *Das Asperger-Syndrom im Erwachsenenalter* (2. Auflage) (S. 3–15). Berlin: Medizinisch Wissenschaftliche Verlagsgesellschaft.

Wittchen, H.-U. & Hoyer, J. (2011). *Klinische Psychologie und Psychotherapie* (2. Auflage). Berlin: Springer.

Printed in the United States
by Baker & Taylor Publisher Services